大数据技术与人工智能

杨杭行　张妍妍　赵　强　著

哈尔滨出版社
HARBIN PUBLISHING HOUSE

图书在版编目（CIP）数据

大数据技术与人工智能 / 杨杭行，张妍妍，赵强著.
哈尔滨 ：哈尔滨出版社，2024. 9. -- ISBN 978-7-5484-8171-3

Ⅰ. TP274；TP18

中国国家版本馆 CIP 数据核字第 2024E6F697 号

书　　名：大数据技术与人工智能
DASHUJU JISHU YU RENGONG ZHINENG

作　　者： 杨杭行　张妍妍　赵　强　著
责任编辑： 韩金华
封面设计： 赵庆旸

出版发行： 哈尔滨出版社（Harbin Publishing House）
社　　址： 哈尔滨市香坊区泰山路 82-9 号　　**邮编：** 150090
经　　销： 全国新华书店
印　　刷： 北京鑫益晖印刷有限公司
网　　址： www. hrbcbs. com
E - mail： hrbcbs@yeah. net
编辑版权热线：（0451）87900271　87900272
销售热线：（0451）87900202　87900203

开　　本： 787mm × 1092mm　1/16　　**印张：** 10　　**字数：** 207 千字
版　　次： 2024 年 9 月第 1 版
印　　次： 2024 年 9 月第 1 次印刷
书　　号： ISBN 978-7-5484-8171-3
定　　价： 48. 00 元

凡购本社图书发现印装错误，请与本社印制部联系调换。
服务热线：（0451）87900279

前　言

21 世纪，大数据与人工智能的交融已成为不可逆转的趋势，它们携手共进，旨在将人类从繁重的脑力劳动中解放出来。大数据作为人工智能发展的基石，其庞大的数据量为企业开启了前所未有的可能性，使得许多原本仅能通过人类智慧完成的任务变得自动化、智能化。随着技术的进步，大数据与人工智能的应用场景日益丰富，从智慧城市的精细化管理到健康医疗的个性化服务，再到金融、工业、教育等行业的深刻变革，其正以前所未有的方式重塑着我们的世界。

本书深入浅出地探讨了大数据与人工智能的基础理论，剖析了两者之间的紧密联系，并对相关技术进行了详尽的阐述。同时，本书通过实例分析，展示了大数据与人工智能在智慧城市建设和健康医疗领域的创新应用。本书旨在成为人工智能与大数据技术初学者的入门指南，为行业准从业人员提供实践参考，也为 AI 投资领域的技术专家提供深度洞察。此外，它还适合作为高等院校和培训学校的人工智能相关专业的参考书，助力培养更多未来科技领域的专业人才。

在本书的撰写过程中，我们得到了多方支持与帮助，包括相关领导的鼓励、国内外学者的研究成果及实际工作者的经验分享。我们深感荣幸并对此表示诚挚的感谢。同时，我们也意识到自身在学术研究上的不足，并期待广大读者、专家与学者不吝赐教，提出宝贵意见。

目 录

第一章 大数据与人工智能的基本认知

第一节　大数据的相关认知

一、大数据的基础概念

（一）大数据的定义

大数据，这一术语所涵盖的是一类特殊的信息资产，其规模之庞大，以至传统数据库软件工具在捕获、存储、管理及分析方面显得力不从心。这类数据集合之所以被称为“大数据”，是因为它们需要创新性的处理模式来解锁其潜在的强大力量，包括增强的决策能力、深刻的洞察力和优化的流程效率。大数据以其海量的数据规模、高速的数据流转速度、多样化的数据类型及相对较低的价值密度这四大显著特征，彻底改变了我们对信息处理的认知，引领我们进入一个全新的数据驱动时代。在这个时代里，大数据不仅是企业决策的重要支撑，更是推动社会进步和创新发展的关键力量。

（二）大数据常用的单位与进制

最小的基本单位是 bit，我们可以按顺序给出所有单位：bit（Binary Digit）、B（Byte）、KB（Kilobyte）、MB（Megabyte）、GB（Gigabyte）、TB（Terabyte）、PB（Petabyte）、EB（Exabyte）、ZB（Zettabyte）、YB（Yottabyte）、BB（Brontobyte）、NB（NonaByte）、DB（DoggaByte）。

（三）大数据的结构

大数据，这个涵盖结构化、半结构化及日益占据主导的非结构化数据的庞大集合，实则是互联网发展至当前阶段的自然产物与显著特征。我们无须过度神化或畏惧大数据，因为在云计算等技术创新浪潮的推动下，这些曾被视为难以捕捉与利用的信息正变得易于处理。通过各领域的持续创新，大数据正逐步释放其潜力，为人类社会带来前所未有的价值。

要全面而深刻地理解大数据，我们需从三个维度深入剖析：理论层面，作为认知的基石，理论帮助我们界定大数据的本质特征，探讨其价值所在，预测其发展趋势，并特别关注大数据隐私保护这一核心议题，以平衡技术进步与个人权益。技术层面，则是实现大数据价值的关键。云计算、分布式处理技术、存储技术与感知技术的不断进步，共同构建了大数据从采集、处理、存储到应用的完整链条。实践层面，则是大数据价值的最终展现。从互联网、政府、企业到个人，大数据已在不同领域绘制出令人瞩目的成就图谱，并预示着更加广阔的未来图景。

二、大数据的价值

（一）大数据的技术价值

1. 识别与串联价值

识别用户身份及行为数据的价值不言而喻，它们构成了精准锁定与分析目标用户的基石。其中，身份证、信用卡、E－mail、手机号码等个人信息因其高度的唯一性与可追溯性，被视为极具识别与串联价值的数据。在电商平台如京东、当当网，用户登录账号不仅是购物流程的必要环节，更是企业识别用户身份、分析购买行为特征的关键手段。

除了登录账号，cookie 作为用户身份的传统识别工具，同样扮演着重要角色。这些存储在浏览器中的字符串，如同互联网公司为用户量身定制的身份标签，通过它们，企业能够跨平台追踪用户的搜索与浏览行为，进而推送个性化资讯与商品推荐。值得注意的是，单一的 cookie 信息价值有限，而将其与用户在不同页面的活动轨迹相结合，我们方能挖掘出数据的核心价值。

在日常生活中，识别和串联数据的价值同样显而易见。以银行卡丢失为例，银行在验证身份时通常会询问一系列具有辨识度的个人信息，如发工资日期、家庭固定电话等。这些问题不仅是为了确认身份，更在于通过多个维度的数据识别和串联，构建出一个相对完整的用户画像。当这些信息与数据库中存储的数据相吻合时，即便用户忘记密码，银行也能基于数据的信任度，为其提供相应服务，这正是数据识别与串联力量的生动体现。

2. 描述价值

在女性社群中，常流传着对“好男人”的一系列具体量化标准，如身高、体重、收入及生活习惯等，这实际上是将抽象的“好男人”概念通过数据进行了具象化描述。这种数据化过程，使得原本感性的评价标准变得可量化、可比较，数据在此扮演了刻画研究对象特征的重要角色。

在更广泛的背景下，描述性数据通常以标签形式存在，它们是数据从业者日常工作的基础，通过初步加工整理，为各类研究对象提供初步轮廓。无论是企业年度财务报告中的营业收入、利润、净资产等财务数据，还是电商平台中关乎业务健康度的交易额、用户成交数、网站访问量、活跃卖家数等运营数据，都是描述性数据的典型应用。这些数据如同业务的晴雨表，帮助我们直观了解业务现状，监测交易活动的健康状况，为决策提供有力支持。

3. 时间价值

在网购领域，用户的历史购买行为不仅记录了过往的选择，更在时间轴上绘制了一幅消费偏好图，为电商平台提供了预测未来购买意向的宝贵线索。这种数据的时间价值，在于它超越了简单的商品描述，而是动态地展示了消费者的兴趣演变与消费习惯，使得个性化推荐成为可能。

时间的引入，无疑为数据分析增添了深度与复杂性，但同时也是解锁数据深层价值的钥匙。大数据的优势在于，它能穿越时空的界限，基于海量历史数据进行深度剖析，时间作为历史的见证者，自然成了分析中不可或缺的一环。通过时间的透镜，企业能够更精准地把握用户对于特定场景的偏好模式，进而优化商品推荐策略，实现精准营销。

此外，时间价值还体现在“即时”这一维度上，特别是在互联网广告领域。实时竞价技术的出现，让广告推送更加贴近用户的当前需求与场景。当用户沉浸在化妆品相关页面或在线购物商城时，相关广告便如同量身定制般涌现，这一切并非预设，而是基于实时数据分析与竞价机制的即时响应。这种即时性不仅提升了广告的针对性与效果，也丰富了用户体验，展现了大数据在动态市场环境下的强大应用能力。

4. 预测价值

数据的预测价值涵盖两大核心层面。首先，它体现在对个体产品的未来表现进行精准预估，这在电子商务领域尤为显著。推荐系统通过分析历史数据，能够预测某款商品被用户点击或购买的可能性，这种预测虽不直接创造价值，却为商家提供了宝贵的市场洞察，助力其提前布局，优化库存与营销策略。其次，数据的预测价值还体现在对企业整体经营状况的前瞻性判断上。以电商行业的无线业务为例，日活跃用户数是衡量其表现的关键指标，也是团队绩效考核的重要依据。通过数据分析与预测，团队负责人能够清晰识别当前经营状态与目标间的差距，进而将活跃用户细分为新增与留存两大维度，深入剖析各自对达成目标的贡献度。基于此，制定针对性的产品策略，分解并监控目标达成情况，这种全面而深入的预测分析，对于指导公司整体经营策略、优化资源配置具有不可估量的价值。

5. 产出数据价值

数据的价值往往蕴含在其组合与整合之中，单个数据点可能平凡无奇，但当它们被巧妙地编排在一起时，便能焕发出新的生命力。以电子商务领域的诚信评价为例，其最初面对的是如何量化诚信这一抽象概念的挑战。随后，通过智慧的碰撞，诞生了两个关键指标——好评率与累计好评数，它们如同诚信的量化标尺，被广泛应用于电商平台的卖家评价体系中。这两个指标不仅为用户提供了直观了解卖家历史经营状况和诚信水平的窗口，还促进了电商环境的健康发展，展现了数据整合后所产生的深远影响。

（二）大数据的实用价值

大数据时代引领了三大关键性转变：一是分析范围的扩展，它使我们能够触及并处理与特定现象相关的全部数据，而非局限于随机样本，从而提升了分析的精确度和细节挖掘的深度。二是精确度观念的革新，面对海量数据，我们学会了在适当范围内放弃微观精确，以换取更广阔的视野和更丰厚的商业洞察与利益。三是思维模式的转变，从探寻因果关系转向关注相关关系，如聚焦于机票购买的最佳时机而非其价格变动的根源。

在此背景下，企业界对数据的开发利用热情高涨，视其为把握市场先机的重要工具。移动互联网的蓬勃发展进一步加速了信息的流通，强化了端到端需求，数据作为继云计算、物联网之后的又一技术革命力量，其市场潜力巨大，被视为亟待挖掘的金矿。掌握并合理运用用户大数据，已成为企业在技术变革浪潮中脱颖而出的关键。

大数据的浪潮前所未有地将用户、方案提供商、服务商、运营商及产业链上游厂商汇聚一堂，无论企业级、消费级市场，还是政府公共服务领域，都深受其影响，展现出千丝万缕的联系。近期，关于大数据价值的讨论层出不穷，其核心实用价值涵盖了多个维度，本部分我们旨在通过系统梳理，帮助读者更全面地认识大数据在推动社会进步与经济发展中的重要作用。

第二节　人工智能的相关认知

一、人工智能的定义

（一）人工智能概述

人工智能，这一跨学科融合的综合性领域，汇聚了计算机科学、控制论、信息论、神经生理学、心理学及语言学等多学科的精髓，旨在探索智能机器与系统的构造之道，以模拟并拓展人类智能的边界。从技术视角审视，其核心议题聚焦于如何让计算机展现出智能行为，高效服务于人类社会，不论是通过精妙算法模拟人类思维，还是直接执行复杂任务，关键在于实现与人类智能相仿的功能性表现。

作为计算机科学的一个重要分支，人工智能专注于研究、设计及应用智能技术，力求通过计算机模拟并执行人脑的特定智力功能，进而开发出创新的技术产品与理论体系。这一过程与计算机软件紧密相连，因为几乎所有的人工智能应用都需依赖软件平台来实现其功能；同时，诸多高级计算机软件也借鉴了人工智能的理论与技巧，如专家系统、机器博弈程序等，展现了两者间深厚的交互与融合。然而，值得注意的是，“人工智能”的概念远超“软件”范畴，它还包括了支撑其运行的硬件设备及实现信息交互的自动化通信系统等重要组成部分。

（二）人工智能的定义

人工智能，简称 AI，是一门深邃且不断演进的技术科学，它专注于探索、开发模拟、扩展人类智能的理论、技术及其应用系统。作为计算机科学的一个前沿分支，AI致力于揭示智能的本质，并力图创造出能以近似人类智能方式运作的机器。其研究范畴横跨机器人技术、语音识别、图像分析、自然语言处理及专家系统等众多领域，旨在通过技术创新，不断拓宽智能机器的应用边界。

随着 AI 理论的深化与技术的精进，其应用领域正以前所未有的速度扩张，预示着未来科技产品将成为人类智慧的强大载体与延伸。AI 不仅模拟人类的意识与思维过程，更在特定任务上展现出超越人类的能力，尽管它本身并非人类智能的复制品。

投身于 AI 领域的研究者，须具备扎实的计算机科学知识，同时融合心理学与哲学的深刻洞察，以跨学科的视角推动这一领域的进步。AI 的广袤疆域由多个子领域共同构筑，如机器学习、计算机视觉等，它们共同服务于一个核心目标：使机器能够执行那些传统上依赖人类智能方能胜任的复杂任务。然而，值得注意的是，何为“复杂工作”，其随着时代的变迁与认知的深化而不断演变，为 AI 的发展注入了源源不断的活力与挑战。

（三）人工智能的定义详解

人工智能的定义涵盖“人工”与“智能”两大核心要素。“人工”部分相对直观，主要探讨人类能力范围内所能构建的系统及其智能水平的潜在边界。而“智能”则触及更为复杂且深邃的领域，包括意识、自我认知、思维活动等多个维度。鉴于人类对自身智能的理解尚浅，对构成智能的要素认识不足，因此“人工”制造出的“智能”定义便显得具有挑战性。这一挑战性促使人工智能研究深入探索人类智能的本质，同时也关注动物及其他人造系统中的智能表现，相关人员将其作为相关课题加以研究。

在计算机科学领域内，人工智能正日益受到重视，其应用范围已拓展至机器人技术、经济政治决策支持系统、先进控制系统及仿真系统等多个领域。作为一门学科，人工智能专注于探索如何让计算机模拟人类的思维过程与智能行为，如学习、推理、决策等高级能力。这不仅要求我们深入理解计算机实现智能的原理，还致力于开发出更接近于人脑智能的计算机系统，推动计算机技术在更高层次上的应用。

人工智能的研究跨越了计算机科学、心理学、哲学、语言学等多个学科，其边界已远远超出了传统计算机科学的范畴，与思维科学形成了实践与理论之间的紧密联系。在这一关系中，人工智能被视为思维科学的技术应用层面，是推动其发展的一个重要分支。为了促进人工智能的突破性进展，研究者们不仅关注逻辑思维，还积极探索形象思维、灵感思维等更广泛的思维形式。同时，数学作为多学科的基石，也在人工智能领域发挥着不可替代的作用，两者相互促进，共同推动着各自领域的快速发展。

二、人工智能的应用

（一）符号计算

1. 符号计算简介

符号计算，作为代数运算的一种高级形态，其本质在于智能化地处理抽象符号，这些符号广泛涵盖了从基本数值类型（如整数、有理数、实数、复数）到复杂数学结构（如多项式、函数表达式、数学集合等）的广阔范围。随着计算机技术的普及与人工智能技术的飞速进步，业界涌现出众多功能强大的计算机代数系统，其中 Mathematica 与 Maple 堪称翘楚。这两款软件均基于 C 语言精心构建，确保了其在绝大多数计算平台上的广泛兼容性与高效运行。这些先进的代数系统内置了庞大的数学知识库，能够执行精确至任意精度的复杂计算，为用户提供了前所未有的数学分析与探索能力。

2. 符号计算的优点

在科学探索的广阔天地里，数值计算与符号计算犹如并蒂莲，各自绽放独特光芒，共同构成了科学计算的两大支柱。人们普遍知晓计算机擅长于执行精确的数值运算，但或许不那么明显的是，计算机同样具备处理含未知量表达式的强大能力，能够直接进行推导与演算，这一特性往往不为众人所熟知。实际上，数值计算与符号计算相辅相成，如同天平的两端，维持着计算领域内的平衡与完整，两者的重要性不可偏废。如今，利用计算机技术对函数进行自动求导、积分等操作，已成为科学研究中的常态，这充分展示了计算机在复杂计算领域的无限潜力。

（二）模式识别

1. 模式识别简介

模式识别，作为一种通过计算机与数字技术实现的自动化信息处理方法，专注于模式的自动解析与分类。它处理的模式既涵盖抽象的思维概念，如意识、思想等，这属于人工智能领域的另一分支——概念识别；也涉及具体的物理或数字形态，如语音波形、地震波、生物电信号、图像、文字、符号等。在实际操作中，计算机能够高效、精准地完成对这些具体模式的自动识别任务，如文字、声音、人物图像等，这一能力不仅是智能机器研发的关键突破点，也为人类探索自身智能奥秘提供了宝贵线索。

计算机模式识别的优势在于其速度、准确性及效率，其识别过程与人类学习过程有着异曲同工之妙。该技术的应用领域极为广泛，包括但不限于语音识别、指纹识别、遥感图像分析及医学诊断等。在语音识别领域，计算机通过内置的人类语言知识库，能够实时解析并识别出人类语音，这一过程融合了信号处理、模式识别、概率论与信息论、声学及听觉原理及人工智能等多个学科的知识，已成为一个具有强大经济潜力的新兴高科技领域。

指纹识别技术则通过一系列精细的步骤，包括预处理、特征提取与模式分类，实现了对个人身份的高精度验证。指纹作为人体独一无二的生物特征，其识别技术被广泛应用于公安刑侦、安全验证等领域，推动了指纹识别系统的普及与发展。

遥感图像识别技术则凭借其强大的图像分析能力，在农业、资源勘探、气象预测及军事侦察等多个方面展现出巨大潜力。而在医学领域，模式识别技术被用于癌细胞检测、医学影像分析、血液与染色体检验及心电图与脑电图诊断等，极大地提高了医疗诊断的精确性与效率。

2. 模式识别常用的方法

（1）决策理论方法

决策理论方法，亦称“统计方法”，作为一种历史悠久且发展成熟的技术手段，其核心在于将待识别的对象首先转化为数字信息，以便于计算机高效处理。鉴于模式识别的复杂性，我们往往需借助庞大的信息量来精准描绘一个模式。在此之后，多数模式识别系统会进一步实施预处理步骤，旨在剔除混杂的干扰信息，并减轻因传输或采集过程产生的变形与失真。紧接着是特征抽取的关键环节，此过程旨在从已数字化或预处理后的输入模式中提炼出一组关键特征。这些特征作为精心选定的度量标准，须具备对普遍变形与失真保持高度稳定或几乎不受影响的特性，同时力求信息冗余最小化。特征抽取实现了从对象空间到特征空间的映射，使得每个模式得以简化为特征空间中的一个点或特征矢量，这一过程不仅有效压缩了信息量，还极大地便利了后续的分类工作。

在决策理论框架下，特征抽取占据着举足轻重的地位，然而，由于缺乏普适性的理论指导，特征的选择往往依赖于对具体识别对象的深入分析。完成特征抽取后，即进入分类阶段，此阶段通过构建鉴别函数，将特征空间中的矢量映射至决策空间。鉴别函数根据特征矢量的不同属性，计算出与各类别相对应的数值，随后我们通过比较这些数值来实现模式的分类。这一过程充分展示了决策理论方法在模式识别领域的强大应用潜力。

（2）句法方法

句法方法，亦称结构方法或语言学方法，其核心策略是将复杂模式拆解为一系列简化的子模式组合，这一过程递归进行，直至达到最基本的构成单元——模式基元，从而构建起一个层次分明的树状结构描述。在此框架下，选取基元的过程与决策理论中的特征选择异曲同工，均旨在高效且精准地捕捉模式的结构特性，同时确保这些基元既便于通过非句法手段提取，又应不包含冗余的结构信息。模式因此被表达为一组基元及其相互组合关系的模式描述语句，类似于语言中句子由短语构成，短语再由词汇组合，而词汇最终由字符拼接而成。此间，基元如何组合成模式的规则，则由特定的语法规则来界定。

在选择模式识别方法时，我们需依据待识别对象的复杂程度及其蕴含的结构信息来灵活决策。对于高度复杂且富含结构细节的对象，句法方法因其能够深入解析并表征这些复杂结构而成为优选；反之，对于结构相对简单或缺乏显著结构特征的对象，决策理论方法则更为高效直接。值得注意的是，这两种方法并非孤立存在，它们在实践中往往相互交织，尤其是在句法方法中，基元的提取往往离不开决策理论的支持。因此，将二者巧妙结合，根据不同层次的识别需求分别应用，往往能够取得更为理想的识别效果。

（3）统计模式识别

统计模式识别的基石在于“相似性聚集”原则，即相似样本在模式空间内自然聚集，形成分明的类别群组。其核心分析策略是通过测量样本的特征向量，将未知模式归类至最匹配的类别中，此过程依赖于计算模式间距离的函数来指导分类决策。为实现这一目标，统计模式识别领域发展了一系列方法，包括但不限于判别函数法、近邻分类技术、非线性映射、特征分析及主因子分析等，每种方法都旨在从不同角度优化分类效果。

在探索最优分类器设计的征途上，贝叶斯决策规则虽提供了理论上的完美解决方案，但其实际应用却受限于概率密度估计这一复杂难题。相比之下，BP 神经网络凭借其直接从训练数据中学习的能力，展现出更为简便高效的实用性，广泛应用于各种模式识别任务中。尽管 BP 神经网络采用启发式学习策略，尚缺乏坚实的工程实践理论基础，但其灵活性与适应性已得到广泛认可。

随着统计推断理论的深入发展，现代统计学习理论——VC 理论应运而生，这一里程碑式的成就不仅为人工神经网络中的诸多理论挑战提供了严谨的数学解答，还催生了支持向量机这一创新学习算法。支持向量机以其强大的泛化能力和理论基础，成为解决复杂模式识别问题的有力工具，进一步推动了统计模式识别领域的进步。

（三）专家系统

1. 专家系统简介

专家系统，作为人工智能领域的一朵璀璨奇葩，标志着人工智能理论向实践应用的飞跃性跨越。这类计算机程序系统，旨在模仿人类专家在特定领域的智慧与经验，通过集成深厚的专业知识与实战经验，并借助先进的推理技术，有效应对那些通常需要专家级智慧方能解决的复杂难题。专家系统内部蕴含丰富的专家级知识库与经验累积，能够模拟人类专家的思维模式与决策流程，从而在该领域内提供精准高效的解决方案。

作为人工智能应用研究中的热点与前沿，专家系统展现出极为广泛的应用潜力，覆盖了社会生活的多个维度。依据其处理问题的性质不同，专家系统被细分为解释型、诊断型、调试型、维修型、教育型、预测型、规划型、设计型及控制型等多种类型，每种类型均针对特定领域的需求进行优化设计。其实际应用案例不胜枚举，从医疗领域的血液凝结疾病诊断系统，到通信行业的电话电缆维护专家系统，再到纺织工业的花布图案设计与印染专家系统，专家系统以其卓越的智能水平与广泛的应用价值，在各专业领域均取得了显著成就与广泛认可。

2. 专家系统的构造

专家系统通常由人机交互界面、知识库、推理机、解释器、综合数据库与知识获取五个部分构成。其中尤以知识库与推理机相互分离而别具特色。专家系统的体系结构随专家系统的类型、功能和规模的不同而有所差异。

（1）人机交互界面

①人机交互界面定义

人机交互界面，作为人与机器间信息流通与功能互动的桥梁，涵盖了从直接物理接触到远程信息传输与控制的全方位交互领域。这一界面不仅是专家系统中不可或缺的核心枢纽，也是安全人机工程学深入探索与优化的重点对象，它通过安全工程、设备管理、安全管理及系统工程等多学科视角，寻求具体解决方案。其核心功能在于实现信息在机器内部处理格式与人类可理解形式之间的无缝转换，确保所有涉及人机信息交流的场景都能实现高效、顺畅沟通。

在工业与商业应用中，人机交互界面通常被简化为“输入”与“输出”两大环节。输入环节聚焦于人类通过按钮、开关、指令下达等方式对机器进行操控与维护，而输出环节则涉及机器向人类反馈的各类信息，如故障报警、操作指引等。一个设计优良的人机接口，旨在简化操作流程、提升准确性、加速反应速度，同时最大化机械效能并延长其使用寿命。当前市场上，人机接口的概念更多聚焦于软件层面，强调通过人性化的操作界面设计，提升用户体验。

②人机交互界面的设计原则

在设计人机交互界面时，其核心原则围绕着以用户为中心、逻辑顺序、功能实用性、界面一致性、交互频率、对象重要性及面向对象性展开。首先，以用户为中心的设计原则强调在设计全程中紧密关注用户特征与需求，确保用户参与开发过程，以精准捕捉并满足其期望，从而提升系统的成功度。其次，逻辑顺序原则指导我们按照事件处理、访问顺序或控制流程来布局界面，确保界面逻辑清晰。功能实用性原则则侧重于根据具体应用环境和需求，设计功能分区明确、信息层次分明的界面，增强易用性。

界面一致性原则涵盖了色彩、操作区域与文字风格的一致性，旨在通过遵循国家或行业标准，同时保持界面内部元素的连贯性，为用户提供舒适且减少误操作的体验。交互频率原则强调根据用户交互频率调整界面层次与菜单位置，优化监控与访问效率。对象重要性原则则依据管理对象在系统中的关键性来设定界面元素的突出度，辅助管理人员做出高效决策。

面向对象性原则强调界面设计需适应不同操作人员的身份与工作特性，通过个性化提示与帮助信息提升交互效率。此外，人机交互界面设计应追求标准化，以促进现场设备与监控管理间信息的共享与传递，体现易懂、简单、实用的设计理念。现代工控组态软件与编程工具为创建高效、美观的人机交互界面提供了强大支持，尤其在大规模复杂系统中，其优势更为显著。

③人机交互界面的设计步骤

在设计一个高效且用户友好的人机交互界面时，我们需采取多维度的策略。首先，创建系统功能的外部模型时，我们应聚焦于软件的数据结构、总体结构及过程性描述，同时深刻理解用户需求，包括其个人特征，以确保界面设计不仅作为附属品，而是真正贴合用户。通过构建基于用户模型和系统假想的界面，我们确保系统映像能准确反映其语法和语义信息，从而提升用户满意度和系统的有效性。

其次，进行任务分析是关键一步。这涉及明确人机各自的任务分工，我们可通过两种途径实现：一是从现有应用系统的分析出发，映射为界面上的任务；二是基于系统需求规格说明，导出协调的用户任务。逐步求精和面向对象分析等技术在此阶段尤为有用，前者帮助细化任务至明确可操作的子任务，后者则有助于识别对象及其动作，为界面设计提供坚实基础。

再次，设计过程中，我们还需关注界面设计中的几个核心问题，如系统响应时间、用户求助机制、错误信息处理及命令方式。优化响应时间，确保命令响应的均匀性；采用集成式求助机制，避免信息过载；清晰、准确地传达错误和警告信息，并提供恢复建议；同时，提供多样化的命令方式，如菜单与键盘命令结合，以适应不同用户的偏好。

最后，利用 CASE 工具快速构建界面原型，并通过用户评审循环不断优化，直至与用户模型和系统假想高度一致。这一过程中，我们可借助用户界面工具箱或开发系统提供的模块和对象，加速界面的创建与调整，确保最终产品既美观又实用。

（2）知识库

知识库作为专家系统的核心组成部分，其角色至关重要，负责存储专家精心提炼的知识精髓。专家系统解决问题的能力直接依赖知识库中的知识资源，因此，知识库的质量与规模成了衡量专家系统性能的关键指标。知识库与专家系统程序架构上的独立性，赋予了用户极大的灵活性，它们能够通过调整和优化知识库内的知识条目，直接提升专家系统的整体效能。

在人工智能领域，知识表示方法多样，包括但不限于产生式、框架和语义网络等，而专家系统尤为青睐产生式规则作为知识表示的形式。产生式规则遵循 IF…THEN…的逻辑结构，这种结构类似于编程语言中的条件语句，其中 IF 部分设定了触发条件（前件），而 THEN 部分则定义了当条件满足时应执行的动作或得出的结论（后件）。规则的复杂性可通过逻辑运算符 AND、OR、NOT 进行扩展，允许构建更为精细的条件组合。简而言之，产生式规则直观易解：一旦预设条件被满足，相应的行动或结论便自然产生，这一机制极大地简化了专家系统内部推理过程的复杂性。

（3）推理机

推理机是问题解决的核心引擎，它根据当前问题的条件或已收集的信息，在知识库中不断搜寻并匹配适用的规则，以逐步推导出新的结论，直至达成问题的最终求解或确定无解状态。这一过程中，推理机灵活运用两种基本策略：正向链与逆向链。

正向链推理策略遵循从已知到未知的逻辑路径，它搜寻能够与数据库中既有事实或断言相匹配的前提规则，并通过冲突解决机制选择最合适的规则执行，从而更新数据库内容。这一过程循环往复，直至数据库中新生成的事实与目标状态相吻合，标志着问题的成功解答，或当无更多可匹配规则时，推理终止。

相比之下，逆向链推理策略则采取从目标回溯至已知条件的逆向思维。它始于预设的目标，逆向搜索能够导致该目标达成的规则，并检查这些规则的前提是否已在数据库中得以满足。若满足，则问题迎刃而解；若不满足，则将前提视为新的子目标，继续逆向追溯，直至所有前提均能在数据库中找到对应事实，或穷尽所有可用规则后，系统转而向用户请求必要的额外信息。这种推理方式体现了专家解决问题的灵活性和深度探索能力。

综上所述，推理机以其独特的推理策略模拟了专家的思考过程，而知识库则在这些策略的驱动下，被激活并转化为解决实际问题的有效资源，彰显了其内在价值。

（4）解释器

解释器，作为一种特定的计算机软件工具，其功能在于实时地将高级编程语言的代码逐行转换为可执行的机器语言指令，并执行之，而非一次性完成整个程序的编译过程。这一过程使得解释器扮演着“即时翻译”的角色，每执行到程序的一行代码，便立即将其“翻译”成计算机可理解的格式并执行，随后继续这一循环，直至程序结束。这种逐行解释执行的方式，虽然灵活且便于调试，但相较于编译型程序，其执行效率通常较低。尽管如此，解释器在专家系统中扮演着至关重要的角色，作为程序运转的关键组件，确保了专家系统能够高效处理复杂逻辑与即时响应需求。

（5）综合数据库与知识获取

综合数据库作为专家系统中的核心存储组件，承担着汇聚原始数据、暂存中间推理结果及最终结论的重任，其设计旨在高效支持推理过程中的动态信息管理与访问。与此同时，解释器作为增强用户体验的关键元素，能够智能解析用户疑问，不仅阐述结论内容，还深入剖析求解路径，赋予专家系统以人性化的沟通与解释能力，从而提升用户满意度与信任度。

知识获取环节则是决定专家系统知识库质量与竞争力的核心要素，也是系统设计过程中面临的一大挑战。这一过程不仅关乎如何有效地将领域知识纳入知识库，实现知识库的持续丰富与动态更新，还涉及如何实现系统的自我学习与进化能力。通过高效的知识获取机制，专家系统不仅能够快速适应新情境、解决新问题，还能够在不断迭代中优化自身，突破知识库构建与更新的“瓶颈”，推动专家系统向更高智能化水平迈进。

三、人工智能发展展望

人工智能这一宏伟领域的研究尚处于起步阶段，距离全面实现其潜力尚远，但其已在多个维度展现出突破性的曙光。作为一门高度跨学科的科学，人工智能的茁壮成长离不开神经网络、大数据等核心技术的支撑与推动。当前，其应用触角已广泛延伸至国民生活的方方面面，从日常起居到工业生产，乃至国防安全，无一不彰显着人工智能的变革力量。在信息爆炸与知识经济交织的新时代，人工智能技术的价值日益凸显，成为驱动科技进步与产业升级的关键引擎。展望未来，随着科技的日新月异与信息化的加速推进，人工智能将迎来前所未有的发展机遇，其功能与应用边界将持续拓展，深刻重塑我们的生活方式与世界格局。

在人工智能的众多研究分支中，自动推理作为基石，不仅构筑了其他领域的理论根基，更是研究热点所在。特别是知识系统的动态演变与高效推理策略的探索，预示着新的理论突破即将涌现。与此同时，机器学习领域亦取得了显著进步，新算法的涌现为在线学习难题提供了创新解决思路，尤其是在移动机器人、智能代理及信息存取等领域，新方法的探索正成为业界共同关注的焦点。

自然语言处理作为人工智能实用化的典范，其理论与实践成果斐然，众多产品已成功融入社会各领域。智能信息检索技术则在互联网浪潮的推动下，迅速崛起为AI研究的新星，展现了AI技术在信息精细化处理中的巨大潜力。这一系列进展不仅标志着人工智能向实际应用迈出了坚实步伐，也为计算机科学与技术的发展指明了方向。

总而言之，人工智能正处于计算机技术浪潮的最前沿，其研究成果正逐步渗透并深刻影响着人们的日常生活。随着技术的不断演进，人工智能的未来影响将更加深远，为人类社会带来前所未有的变革与福祉。

第三节　大数据与人工智能的紧密关系

一、大数据与人工智能的关系

（一）大数据是人工智能发展的基石

智能的每一次飞跃，本质上根植于持续不断的学习历程，而人工智能近年来的迅猛进步，无疑得益于大数据技术的蓬勃发展。随着传感器和数据采集技术的革新，我们现今能够轻松获取到前所未有的海量数据，这些数据不仅规模庞大，而且在特定领域内展现出前所未有的深度和细致度，为人工智能在各领域的“智慧”培育提供了不可或缺的营养源泉。

若将人工智能比作一个充满潜力、亟待滋养的幼童，那么某一专业领域内丰富、深入的数据资源便是促进其茁壮成长的宝贵“乳汁”。乳汁的充沛程度关乎幼童的成长速度，而其质量则深刻影响着其未来智力的发育潜能。

相较于传统数据分析技术，人工智能以其神经网络为核心基础，并进而演化出多层神经网络架构，引领了深度机器学习的浪潮。这一革命性算法摆脱了传统方法对于预设假设的依赖（如线性模型对线性关系的假定），转而依赖于输入数据本身，自主模拟并构建模型框架。这种无预设、自适应的特性赋予了人工智能极高的灵活性，使其能够依据不同训练数据自动优化，持续进化。

然而，这一优势背后也伴随着计算需求的急剧增加。在计算能力尚未实现飞跃的时代，深度神经网络处理非海量数据已显得力不从心，耗时长且效率低下。而今，得益于高速并行计算能力的提升、海量数据的可及性及算法的不断优化，三者合力，共同推动了人工智能技术的突破性进展，开启了智能新时代的大门。

（二）人工智能发展让大数据海洋更加广阔

深入挖掘与高效处理日志数据，对于把握大数据环境中的海量信息至关重要。人工智能的介入不仅加速了数据的采集与分析流程，还实现了数据可视化及事件驱动的即时响应，确保了数据流转的高效性。在日志分析自动化的架构中，关键引擎融合了机器数据整合技术、业务规则管理、系统语义解析、数据流计算框架及前沿的人工智能算法，共同驱动分析过程的智能化。

针对多样化的日志数据类型与分析挑战，人工智能展现了其灵活性，通过适配不同的技术路径来应对。在模式明确的情况下，利用相关性分析构建监督式 AI 模型是优选；而当日志模式难以预定义时，非监督强化学习机制则展现出独特优势。这类 AI 驱动的日志分析方案实现了高度自动化，能够智能匹配最优处理模式并自动排序，即便在缺乏人工标注数据集的情况下也能有效执行任务。

“深度学习”作为大数据科学家工具箱中的利器，依托神经网络模型，深刻挖掘数据流中的隐藏模式与对象间的复杂语义关系，极大地增强了数据洞察能力。人工智能对大数据应用投资回报的显著提升，一方面在于它赋能数据科学家，提高了工作效率与产出；另一方面，它揭示了那些即便是顶尖专家也可能错过的潜在洞察，这些价值源于AI的自主学习特性，使分析算法能在无人工干预下持续学习最新数据。因此，人工智能不仅是大数据创新投资的高回报选项，更是推动数据挖掘技术边界不断拓展的关键力量。

二、大数据与人工智能的融合

大数据与人工智能，作为现代计算机科技的璀璨双星，近年来其研究边界不断交融，共同孕育出众多创新方法、应用实例及深远价值。这两者之间天然存在着紧密的联系，大数据的繁荣得益于人工智能理论与技术的赋能，而人工智能亦因大数据的滋养迈入了新的发展阶段，双方相辅相成，共同推动技术进步。

大数据，这一超越传统范畴的概念，不仅是技术趋势的代名词，更是重塑认知与决策模式的关键力量。据互联网数据中心预测，全球数据量正以惊人的年增50%速度膨胀，这预示着一个信息爆炸的时代。尤为重要的是，这些数据不仅数量庞大，还日益多样化，源自遍布工业、交通、环境等各个领域的智能传感器，它们持续监测并记录着世界的细微变化，催生了物联网与工业互联网的蓬勃发展，进一步加速了信息获取的广度与深度。

大数据技术，作为继移动互联网与云计算之后的又一信息技术革命，赋予了我们高效处理海量、异构、低价值密度且快速变动数据的能力。然而，真正的挑战在于如何挖掘这些数据背后的隐性价值，尤其是社会科学规律与商业洞察。幸运的是，人工智能的介入为此带来了曙光，其先进算法与模型正逐步解锁大数据的深层秘密，展现出前所未有的潜力。

从战略视角看，大数据的价值不在于数据本身的规模，而在于如何通过专业处理实现数据增值。这要求提升数据的“加工”能力，将其转化为有价值的信息与洞见。在国内，尽管大数据仍处于起步阶段，但其商业价值已初露锋芒，不仅数据交易成为新兴盈利模式，基于数据挖掘的各类商业模式也如雨后春笋般涌现，助力企业精准营销、优化运营，提升整体效能。

随着IBM、HP等科技巨头纷纷布局大数据解决方案，大数据技术的应用场景不断拓展，其价值日益凸显。同时，人工智能系统的构建梦想正逐步照进现实，大数据的浪潮为人工智能提供了全新的起点与使命，两者融合发展的趋势日益明显，预示着未来其将以前所未有的方式深刻影响人类社会的发展轨迹，开启一个智能与数据共舞的新时代。

三、大数据与人工智能的运用

（一）知识表示

知识表示，作为计算机领域内对知识的一种形式化描述手段，旨在构建一种计算机易于理解并能有效处理的知识结构。鉴于人类知识的复杂性与内在机制尚未完全揭示，当前关于知识表示的统一理论框架与标准规范仍处于探索阶段。尽管如此，智能技术系统的研发实践已经催生了一系列具体的知识表示策略，其中最具代表性的为符号表示法与连接机制表示法。

符号表示法，顾名思义，依赖于具有明确意义的符号集合，通过特定的组合规则与排列顺序来表征知识，尤其擅长表达逻辑性强、结构清晰的知识体系。在大数据背景下，这一方法被广泛应用于关联规则的挖掘任务中，旨在从浩瀚的数据海洋中提炼出描述数据项间关联性的宝贵知识。例如，通过对超市交易数据的深度分析，我们揭示出顾客购买特定品牌牛奶时往往伴随购买同品牌面包的行为模式，此类洞察对于优化商品捆绑销售策略与货架布局调整极具指导价值。

另外，连接机制表示法则侧重于模拟物理对象间的连接方式与信息交换过程，通过动态调整内部连接状态来传递并处理富含意义的信息。在大数据处理的语境下，这一表示法类似于神经网络分类技术的运作机制，即通过不断调整神经元之间的权重参数，使网络能够学习并建立输入样本与其对应类别之间的映射关系。训练完成的神经网络不仅实现了对数据的精准分类，更隐含了从数据中自动挖掘并抽象出深层知识的能力。

（二）推理技术

推理技术，作为从已知事实出发，依托既有知识体系探索隐含或新的事实的重要手段，可细分为经典推理与非经典推理两大阵营。经典推理体系内，自然演绎、归纳演绎及与/或形演绎等方法构成了其核心，它们遵循严格的逻辑规则与结构。相对而言，非经典推理则涵盖了更广泛的逻辑范畴，如多值逻辑、模态逻辑及非单调推理等，这些推理形式在处理复杂、不确定性高的情境时展现出独特优势。

在大数据处理的广阔舞台上，其核心思想往往倾向于采用非经典推理的逻辑框架，以适应数据的海量、异构与动态特性。然而，值得注意的是，在处理过程中为了优化效率而采用的“剪枝”策略，其背后依据的规则应当是经得起经典推理严格验证的，确保拥有坚实的数学理论基础。以聚类分析为例，尽管其基础思路根植于非经典推理的灵活性与探索性，但在实施“剪枝”以提升处理速度时，我们必须确保这些操作不会牺牲结果的完备性和正确性，否则，盲目剪枝虽能短暂提升效率，却可能因信息的随意剔除而危及结果的可靠性，最终使得效率的提升失去了实际意义。

（三）搜索策略

搜索策略是问题解决过程中的核心环节，它依据问题的具体情境，灵活调用相关知识，旨在构建一条高效低耗的推理路径。搜索策略大体上分为盲目搜索与启发式搜索两大阵营。盲目搜索遵循预设的、固定的控制流程，其特点在于对搜索过程中偶遇的中间信息持保守态度，不以此为依据调整搜索策略。相反，启发式搜索则是一种更为智能的方法，它巧妙融入问题特定的启发性线索，这些线索如同灯塔，引领搜索过程朝着最可能通向解决方案的方向迈进，这不仅加速了问题的求解，还提高了找到最优解的可能性。

在大数据处理的广阔舞台上，搜索策略的应用达到了前所未有的深度与广度。以属性约简为例，当数据分析师发现某属性列内所有值高度一致或其在区分不同样本方面的能力微乎其微时，启发式搜索机制便会智能地指示提前剔除这些冗余属性，从而在不牺牲关键信息的前提下，大幅缩减了数据处理的复杂度。这一过程生动展示了搜索策略如何有效提升大数据处理的效率与精准度，同时也为应对人工智能领域中的非不确定性多项式问题开辟了一条充满希望的探索之路。

四、大数据与人工智能的发展

（一）大数据与人工智能结合发展的实例

随着计算机技术的日新月异，人类收集与存储数据的能力实现了质的飞跃，无论是科研探索还是社会生活的方方面面，数据海洋日益浩瀚。面对这一趋势，深度挖掘数据价值、提炼其中蕴含的宝贵信息，已成为跨领域的迫切需求。在此背景下，机器学习与大数据技术犹如双轮驱动，其重要性日益凸显，吸引了全球范围内的广泛关注。

以网络安全为例，这一领域尤其是入侵检测方面，正借助机器学习与大数据技术实现质的飞跃。通过收集并分析服务器日志等网络访问数据，研究人员能够构建出精准区分正常访问与入侵行为的模型。此模型如同智能滤网，有效识别新访问模式的性质，甚至细化至入侵类型的判定，显著提升了网络防护的智能化水平。这一过程的核心，正是机器学习与大数据技术在模式识别与分类任务中的卓越表现。

不仅限于网络安全，机器学习与大数据技术已广泛渗透至计算机科学的多个分支，如多媒体处理、计算机图形学、网络架构、操作系统及软件工程等，尤其在计算机视觉与自然语言处理领域，它们更是成为推动技术创新的核心力量，众多顶尖学术会议上的研究成果均围绕这两大技术展开。这一趋势表明，融合机器学习与大数据技术是计算机科学发展的必然选择。

此外，在交叉学科领域，机器学习与大数据技术同样扮演着不可或缺的角色。以生物信息学为例，该学科旨在运用信息科学手段揭示从 DNA 序列到复杂生理功能的生命奥秘。随着基因组学研究的深入与基因疗法的兴起，生物信息学迎来了发展的黄金时期。在这一从“数据”到“发现”的征途中，数据获取、管理、分析及仿真实验等关键环节均离不开机器学习与大数据技术的深度参与，特别是在数据分析阶段，它们更是发挥了不可替代的作用，助力生命科学探索迈向新高度。

（二）当代大数据与人工智能的发展

在过去的十年里，机器学习与大数据领域经历了前所未有的蓬勃发展，逐渐演化为涵盖众多子领域、内容极为丰富的学科体系。其发展的核心动力源自“更高效、更精准地解决现实问题”的迫切需求。这一趋势催生了诸如半监督学习、代价敏感学习、流式大数据处理及社会网络分析等新兴研究方向，这些创新均源自对实际应用的深刻洞察与抽象，并迅速回馈于各行各业，推动其进步。

值得注意的是，在计算机科学领域内，传统意义上的成功往往以构建直观可感的应用系统为标志，而机器学习与大数据则另辟蹊径。它们正悄然转变为一种基础性、隐形却无处不在的支撑技术，默默服务于更广泛的领域。当这些技术真正达到成熟之境，或许人们已不再直接感知其存在，取而代之的将是更加稳固的安全防线、更加智能灵活的机器人、自动驾驶汽车的安心体验，以及搜索效率显著提升的便捷工具。这些变化，无声地证明了机器学习与大数据在幕后所产生的巨大作用与深远影响。

第二章
大数据、人工智能引发的思考与管理革新

第一节　大数据与人工智能引发的思考

一、大数据与个人隐私

（一）隐私与隐私权

1. 隐私的定义与解释

隐私，这一概念跨越文化与语言界限，虽在不同语境下略有侧重，却共享着核心要义。它关乎个体那些与公共利益无直接关联，且出于个人意愿不愿被外界知晓或干预的信息、事务及个人空间。隐私，作为个人与生俱来的自然权利，自人类初识遮羞之日起便已存在，是人性深处对自我领域保护的本能体现。

在语言的表述上，汉语"隐私"一词深刻体现了其主观性的一面，强调个体对私密性的主观感受与选择；而英语中的"privacy"，则倾向从客观角度出发，展现了独处与保密的状态，两者微妙地反映了东西方文化在感性与理性之间的差异。

从法律与伦理的视角审视，隐私的定义进一步细化为那些已经发生、符合社会道德规范且正当，但出于各种原因个体选择不公开的个人经历、物品、情感活动等。这一界定不仅尊重了个人的内在意愿，也维护了社会伦理与道德秩序的平衡。

2. 隐私的特征

隐私的核心特征围绕自然人展开，其根源深植于人类的羞耻感之中，因此，唯有自然人能作为隐私权的主体。企业法人及非法人组织所持有的商业秘密，本质上关联于商业信誉与经济利益，与隐私的情感基础相去甚远，故不属隐私范畴。同样，国家机关的秘密，如司法审判过程，关乎公共权力的正当行使，其泄露将扰乱机构运作，亦非基于羞耻感保护的对象，故亦非隐私主体。

隐私的客体广泛涵盖了自然人的个人事务、信息及领域。个人事务指的是与公共、

群体或单位事务相区别的，由特定个人主导的具体活动，诸如私人交往、家庭生活等；个人信息则是指个人不愿公开的数据、资料等无形资产；而个人领域则涉及个人的私密空间，如身体私密处、日记、通信等，这些都是隐私“私”的具象体现。

隐私的内容，实质上是自然人基于其主观意愿，对个人事务、信息或领域保持隐秘状态，拒绝外界窥探或干预的行为或事实。这一过程融合了隐私主体的主观意志与客观世界的互动，体现了隐私“隐”的特性，即个人主观上对私密性的坚持与客观世界中隐私状态的维护。

3. 隐私的本质

（1）隐私是个人的自然权利

隐私感，作为人类踏入社会文明的初始标志之一，其萌芽可追溯至劳动实践之前，甚至在原始心智尚未充分发展至抽象思维阶段时，便已隐约浮现。这种情感的核心在于羞耻感及其衍生的对私密性的渴求，是人类脱离纯粹动物状态的重要心理指征。隐私感不仅体现在对个体私密部位的自然遮蔽，也涵盖了更为复杂的社会性隐私，如慈善捐赠意向或私人情感关系，这些均基于个人自主意志，无须外界的直接参与或干预。因此，隐私作为个体不可剥夺的自然权利，其本质在于个体对其私人事务的绝对主权，不受社会多数或少数人的影响。

隐私的自然属性意味着，只要个体主观上倾向于保持某些信息或行为的隐秘性，这些便自然构成了隐私事实，即便它们可能触及法律边界或社会公序良俗的敏感地带。隐私的公开与否、何时公开，完全取决于当事人个人的自由意志，体现了对个人自主性与尊严的尊重。

（2）隐私是客观事实

隐私的本质独立于其内容的道德性、合法性评判及社会舆论和国家法律的态度之外，始终作为一种客观存在。无论其内容触及何种道德边界、法律框架，抑或面临怎样的社会舆论风波，隐私的实质始终稳固，不随外界的认知或评价而动摇。这一客观性深刻揭示了隐私作为社会现实中的客观存在，其真实性不容置疑。尽管社会舆论可能抨击、国家法律可能规制某些隐私行为，但这些外部因素仅能影响对隐私的评价，而无法抹杀隐私本身的存在事实。

4. 隐私的种类

隐私的种类可根据隐私的外在表现形式和隐私的性质来进行区分。

（1）根据隐私的外在表现形式，我们可将隐私分为抽象的隐私和具体的隐私

隐私可根据其表现形式被划分为抽象与具体两大类别。抽象的隐私涵盖那些以数据、信息等形式存在的私密内容，诸如个人日记的私密记载、女性身体尺寸的具体数据、通信交流的秘密等。而具体的隐私则直接关联到可以直观展现的形态或行为，比如个人的身体私密部位、涉及婚外情感的私密行为及夫妻间的私生活细节。这种分类方式基于事物本身的特性，有助于明确隐私保护的具体范畴。以女性三围为例，只有

当具体的三围数值被非法传播或公开时，才构成对隐私权的侵犯；反之，若仅是进行一般性的描述或形象描绘，则可能仅触及名誉权范畴，而非直接侵害隐私权。

（2）根据隐私的性质，我们可将隐私分为合法的隐私与非法的隐私

合法的隐私，是指那些既符合法律明文规定又遵循社会公德的信息或状态，它们作为尚未公开的事实或一般情况，受到保护。一旦信息被公之于众或透露给无须承担保密责任的特定个体，便失去了隐私的属性。相对地，非法的隐私则涵盖了违反法律条文或违背社会公序良俗的内容，具体可细分为违法的隐私、一般违规的隐私及法律未直接调整但仍不合道德的隐私。广义上的违法隐私，广泛指涉违背基本实体法强制性规定及普遍道德准则的情况，涵盖了从严重犯罪到轻微违法的各个层级。然而，在狭义范畴内，违法的隐私特指那些严重或一般违反实体法强制性规定及核心道德原则的信息，排除了轻微违法的情形，以更精确地界定法律所不容的隐私范围。

5. 隐私权

隐私权，作为自然人专属的一项基本人格权，其核心在于保障个人生活宁静与个人信息秘密免受非法侵扰、窥探、收集、滥用及公开。隐私权赋予了权利主体对私人生活介入程度的自主决定权，包括是否及如何公开个人隐私。在社会文明日益进步的今天，隐私权作为维护个人尊严与自由的基石，其重要性越发凸显。然而，科技进步与媒体普及却为隐私泄露开辟了新途径，个人隐私被侵犯的现象频发，隐私权保护面临严峻挑战。

隐私权的特性鲜明：其主体限定为自然人，内容兼具真实性与私密性，且其保护界限需兼顾公共利益。隐私权不仅是个人尊严的体现，更是个人对自己隐私信息的支配与控制权，允许个人在适当范围内分享隐私，并从中提炼公共价值。

结合国内外实践，侵犯隐私权的行为形式多样，包括但不限于：擅自公开个人身份信息、非法侵入住宅干扰居住安宁、通过技术手段窥探私生活、非法揭露或散布个人财产及私人文件内容、干扰或公开他人私密关系等。这些行为严重侵害了个人的隐私权，应当受到法律的制裁与社会的谴责。因此，加强隐私权保护，不仅是对个人权利的尊重，也是社会文明进步的必然要求。

6. 隐私的保护

（1）个人保护

随着网络的不断发展，相关的安全性问题特别是个人隐私的保护备受关注。

（2）网络保护

在数字化时代，个人隐私的保护显得尤为重要。个人在享受各类服务（如网络开户、个人主页、免费邮箱及购物、医疗、交友等在线服务）时，所提交的姓名、年龄、住址、身份信息等身份及健康状况数据，均被视为隐私，服务商有法律责任妥善保管，未经授权不得泄露。此外，个人的信用与财产信息，如信用卡详情、电子消费记录、上网账号及密码等，在网络交易过程中同样受到隐私保护，任何未经许可的披露均构

成侵权。

邮箱地址作为用户私密通信的关键标识，其保密性不容忽视，未经用户同意擅自收集、公开或分享邮箱信息，导致用户遭受垃圾邮件侵扰或安全威胁，是对隐私权的严重侵犯。同时，个人在网络空间的活动轨迹，如IP地址、浏览历史及具体活动内容，均属于个人隐私范畴，擅自追踪、披露此类信息，尤其是用于恶意目的，如协助黑客攻击或公开用户的敏感行为，均是对网络隐私权的明显侵害。

在选择使用软件时，用户也应关注其对隐私保护的影响。纯网页版本的应用，如PPMEET视频会议系统，因其无须安装，减少了隐私泄露的风险；相比之下，需要安装在个人计算机上的软件（如QQ等），虽然功能丰富，但也可能在用户隐私安全方面埋下隐患，增加数据泄露的风险。因此，合理选择软件工具，也是维护个人隐私的重要手段之一。

（二）对个人隐私泄露的担忧

1. 个人隐私的泄露

互联网已深度融入我们的日常生活，随之产生的数据足迹遍布各大网络平台，这使得在大数据的浪潮中，个人隐私泄露的风险急剧增加。从购物网站的购物偏好追踪到搜索引擎的查询历史记录，从社交媒体的互动关系网到智能设备的实时位置监控，我们的生活仿佛时刻处于无形的“观察”之下。加之cookies等技术的广泛应用，广告商得以精准推送个性化广告，这进一步加剧了个人信息暴露的程度。

与此同时，数字传感器技术的飞速发展拓宽了数据收集的范围，从自动支付系统的交易信息到健康监测的可植入设备，再到家庭安防系统，个人隐私数据的边界日益模糊。这种趋势不仅要求更先进的机制来应对个人信息管理和隐私保护的新挑战，也凸显了企业在处理海量个人数据时的重大责任。企业内部，数据的收集、误用、二次利用及未授权访问成为隐私泄露的主要内部风险源，而外部则面临黑客利用系统漏洞进行数据窃取等威胁。

值得注意的是，个人隐私的泄露并非单方面的责任，用户在追求个性化服务或受财务激励时，也可能主动泄露更多个人信息。这种双向作用使得个人隐私保护面临复杂局面，隐私一旦泄露，可能对个人情感、健康乃至财务安全造成多方面影响。因此，构建全面的隐私保护体系，平衡技术进步与个人权益，成为当前亟待解决的问题。

2. 不同人对个人隐私的担忧

个人背景与特性在塑造隐私观念方面发挥着关键作用。IBM的一项调研揭示，企业高管往往低估了客户对于隐私保护的忧虑程度，而这一现象在受教育程度高、技术素养强的受访者中截然相反，他们不仅更加敏锐地意识到，还更加深切地担忧网络隐私可能遭受的侵犯。性别差异亦不容忽视，调查结果显示，女性相较于男性，对隐私信息被收集的行为表现出更高的警觉性。此外，年龄、经济状况及教育背景也显著影响着个人隐私泄露的担忧程度，年轻群体、经济条件较差及受教育水平较低的人群，在隐私保护方面的顾虑相对较少。

进一步的研究还发现，个人对企业或组织的信任程度直接关联到隐私数据的收集态度。当企业展现出对用户隐私的尊重与妥善管理，建立起用户信任，其将在市场竞争中占据有利地位。这种信任的建立，使得用户减少了对隐私泄露的担忧，更愿意主动分享个人信息，为企业创造更多价值。因此，企业如何在隐私保护与用户信任之间构建稳固桥梁，成为影响用户数据收集与用户忠诚度的重要因素。

3. 个人隐私与安全的关系

在个人信息保护领域，安全策略聚焦于三大核心目标：首先是完整性，旨在保障信息在传输与存储全生命周期中免受任何形式的篡改，确保信息的真实性与准确性；其次是认证，这一过程严格验证用户身份及数据访问权限，防止未经授权的访问行为；最后是保密性，要求严格控制数据的访问权限，确保数据仅对合法授权者开放。

然而，即便组织能够采取有效措施安全地存储个人信息，仍可能因后续处理不当而引发隐私泄露风险。安全机制虽为隐私保护之基石，却不足以单独确保个人信息在使用环节的安全无忧。它无法完全消除信息发布的风险，也无法单凭一己之力给予用户充分的信任保障。因此，个人隐私的全面防护不仅需要坚实的安全措施来保障信息的完整、认证与保密，更依赖对个人信息使用的合理规范与审慎决策，两者相辅相成，缺一不可，共同构建起个人隐私保护的坚固防线。

（三）大数据个人隐私保护技术

1. 数据层的个人隐私保护

（1）数据加密的个人隐私保护

数据加密技术，这一拥有悠久历史的保护手段，在数字化浪潮中依然屹立不倒，成为计算机系统捍卫敏感信息安全的坚固防线，其核心功能在于抵御数据被非法窃取或篡改的风险。依据密钥算法的不同，数据加密可被划分为对称加密算法与非对称加密算法两大阵营。

对称加密算法，以其密钥单一、计算高效著称，是保障数据机密性的得力助手，尤其适用于大规模数据处理的场景。然而，其密钥共享的特性也带来了安全隐患，管理复杂度随密钥数量的增加而攀升，且难以在分布式环境中灵活部署，成本高昂。

相对而言，非对称加密算法，即公开密钥体系，以其加密解密过程分离、密钥管理便捷的优势，在身份认证、数字签名等领域大放异彩。RSA 等经典算法更是广为人知。此类算法适应网络开放环境，便于实现复杂的安全功能如数字签名验证，但加密速度较慢，算法复杂度较高。

值得注意的是，无论是对称还是非对称加密，均面临密钥泄露的潜在威胁。加密虽能确保数据内部的一致性与安全，却无力阻止数据外流，因此，它并非解决数据隐私保护问题的万能钥匙。在大数据时代背景下，完善现有加密算法、融合对称与非对称加密技术、探索与新兴技术相适应的新加密算法，成了该领域的研究热点与发展方向。

（2）利用数据库进行个人隐私保护

数据库作为信息系统的核心组成部分，承载着各类关键信息，如政府管理的个人及家庭资料、金融机构存储的财务详情及医疗体系中的患者历史记录等，其重要性不言而喻。尽管大数据时代 MapReduce 技术以其强大的数据分析能力崭露头角，对数据库构成了一定竞争压力，但两者并非替代关系，而是互补共存，正逐步融合以构建更加高效的数据处理生态系统。

数据库安全是维护数据完整性的关键环节，它不仅需抵御外部入侵者的攻击，还要防范内部人员的潜在威胁，包括未经授权的数据访问、不当数据修改及数据不可用风险。确保数据库安全我们需从多维度着手：物理层面保障设施安全、操作系统层面加固防御、数据库管理系统层面优化策略，以及通过数据库加密技术直接保护数据机密性。前三者虽重要，却不足以全面保障敏感数据的保密需求，唯有加密技术能确保数据以密文形式存储，即使遭遇泄露也难以被非法读取利用。

为强化数据库敏感数据的保护，实施数据加密与访问控制双管齐下的策略尤为关键。鉴于这两项技术在理论与实践上已相对成熟，实施时我们应重点关注细节。访问控制策略需灵活适应大数据环境下对数据访问的多样需求，如实施非级联权限回收、设定时间限制授权、利用视图技术实现基于内容的精细控制等。同时，数据加密确保敏感信息存储安全，结合细粒度的访问控制策略，为不同用户或群组分配差异化的访问权限，确保权限分配的合理性与安全性。此外，全面记录所有数据库操作于审计日志中，以便追踪与审查，进一步增强数据库操作的可追溯性与透明度。

（3）云计算对个人隐私的影响

云计算犹如一条四通八达的高速公路，为大数据这辆疾驰的信息列车铺设了坚实的运行轨道。它作为一种高效且经济的数据存储与处理平台，极大地提高了组织与个人对海量数据的存储、管理、共享及分析能力，有效降低了软硬件投资及本地运维成本，实现了数据的跨地域无缝访问。然而，这一便利的背后也伴随着数据控制权的部分让渡，以及随之而来的安全新挑战。

在云端，个人数据并非始终处于全面加密状态，这使得其易受到外部黑客及内部人员的不法侵扰，个人隐私泄露的风险悄然上升。加之，当前云服务提供商在审计与监控技术上的不足，难以即时捕捉所有潜在威胁与违规操作，这进一步加剧了安全隐忧。此外，服务过程中的数据记录可能被用于推测用户隐私，管理失误、经济诱惑下的数据窃取及权限滥用等情况，这些均可能导致用户隐私数据的意外曝光或非法访问。

云计算环境下的个人数据处理，涵盖了从收集、使用、发布、存储到销毁的全生命周期，每一个环节都需严格把关，以确保用户隐私在享受云服务便利的同时，也能得到应有的尊重与保护。

2. 应用层的个人隐私保护

针对具体的大数据应用，研究相应的个人隐私保护技术是目前企业更加切合实际且满足具体应用需求的做法。

（1）在线社会网络中的个人隐私保护

随着用户在在线社会网络（OSNs）中的活跃度提升及社交内容的丰富，隐私保护问题越发严峻。每当个性化内容融入 OSNs，用户的隐私信息便可能在不为人知的路径上被广泛共享，引发用户对隐私泄露的深切忧虑。OSNs，如新浪微博等，作为人们交流思想、分享兴趣与日常动态的桥梁，其背后的隐私风险不容忽视。特别是信息泄露，成为最大威胁：OSNs 提供商的内容管理策略可能为第三方提供数据利用便利，而信息链接技术则让未经授权的第三方有机会整合多源社会数据，窥探用户身份与行为模式。用户往往在不经意间失去对个人信息的全面控制权，同意条款中的模糊条款，使数据面临被盗、内部攻击或政府审查的风险。此外，OSNs 的数据缓存与离线存储策略更是加剧了隐私泄露的长期隐患。

因此，OSNs 的核心挑战之一在于如何有效保护用户隐私。这要求建立机制，让用户能够精细授权数据访问权限，确保仅直接授权者能接触其个人信息与交流内容。访问控制需实现细粒度管理，每项数据属性都应独立可控。鉴于隐私信息易被误用或恶意泄露，亟须创新方法强化保护，如利用集中式 OSNs 模型结合属性加密与公钥加密技术，实现灵活且安全的访问控制策略。同时，针对微博与社交网站的不同特性，我们需要定制化隐私保护方案，特别是微博平台，需加强对标签使用与内容检索的监管，确保内容存储与检索符合信任标准，并增强用户的访问控制手段，全方位守护用户隐私安全。

（2）移动定位技术中的个人隐私保护

随着无线通信、移动定位技术的飞速发展与移动数据带宽的大幅提升，定位服务已深入渗透至日常生活的方方面面，为商业、社交及信息服务领域开辟了新天地。这些服务精准追踪用户位置，不仅催生了众多创新移动应用，还极大丰富了个性化搜索、移动广告推送及天气预警等功能，甚至在电子商务中实现了基于位置的差异化定价与优惠策略。然而，定位服务的普及也伴随着用户隐私泄露的风险，如家庭住址的暴露、职场监控、政府追踪及侵扰性位置广告等，成为不容忽视的安全隐患。

为平衡位置服务的便利性与用户隐私保护，研究者们积极探索多种策略。其中，匿名与干扰技术作为两大核心隐私保护手段，旨在有效隐藏用户身份及查询敏感信息，同时允许用户在不完全牺牲位置精度的前提下享受服务。例如，Google+引入灵活的隐私设置，允许用户根据社交圈的不同层级分享不同程度的地理位置信息，实现了隐私与功能性的微妙平衡。

为应对更复杂的隐私挑战，学者提出了隐私粒度和位置 k-anonymity 等先进测量标准，通过图模型将隐私保护问题抽象化，并开发出如 ICliqueCloak 这样的高效匿名算法，其能够在需求变动时迅速调整匿名区域，确保位置隐私。此外，Ardagna 等人的研究则聚焦于位置信息的模糊处理，依据位置数据的精确性与隐私需求之间的相关性，通过自动协商机制，智能调节服务提供商所需的位置精度与用户期望的隐私保护水平，从而在两者之间找到最佳平衡点，这既保障了服务质量，又维护了用户的隐私权益。

（3）射频识别技术对个人隐私保护的影响

射频识别（RFID）技术，作为一种先进的无线通信技术，正广泛应用于多个行业领域，为物体与人的识别带来了前所未有的便捷性。在生产线上，RFID 标签让汽车制造商能实时追踪车辆制造进度；在供应链管理中，它确保了产品流动的准确性与时效性；在畜牧业与宠物管理中，RFID 标签则成为身份识别的得力助手。此外，RFID 身份卡保障了建筑安全访问控制，而汽车上的应答器则革新了收费与停车管理方式。然而，RFID 技术的非接触式特性也引发了对个人隐私的深切关注。当 RFID 标签与个人身份信息绑定时，未经授权的个人信息读取成为可能，进而带来秘密跟踪与隐私推断两大隐患。消费者购物时，商家可能通过 RFID 标签与信用卡信息关联，构建个人身份与消费行为的监控网络。这不仅意味着消费者可能在不自知的情况下被物理跟踪，商家还可能通过消费者携带物品（如药品、优惠卡等）的 RFID 标签，推断出消费者的健康状况、购物偏好乃至个人生活习惯等敏感信息。因此，随着 RFID 技术的普及，人们如何在享受其便利的同时有效保护个人隐私，成了亟待解决的关键挑战。

3. 数据发布的个人隐私保护

（1）匿名化方法的个人隐私保护

数据发布技术作为个人隐私防护的前沿领域，当前聚焦于匿名化技术的探索与应用，旨在通过隐匿用户身份与敏感信息来强化隐私安全。在数据公之于众之前，一系列匿名化操作如泛化、压缩、分解、置换及干扰被广泛应用。泛化与压缩策略侧重于模糊准标识符的细节，用泛化值替代具体信息，以减少身份识别风险。而分解与置换技术则通过重新组织数据布局，割裂准标识符与敏感属性间的直接联系。干扰技术则通过引入噪声数据、数据互换或合成数据等手段，对敏感数据进行混淆，进一步增强防护层。

面对数据发布可能引发的个体隐私泄露威胁，匿名化方法成为有效屏障，阻止攻击者利用链接分析（涵盖属性、记录及表层面的链接）窥探个人隐私。在大数据环境下，确保数据共享与发布的安全性尤为关键，数据在传输前应经历严格的匿名化处理，并结合其他技术手段，确保接收方无法轻易通过关联分析追踪到具体个体，从而在保障数据有效利用的同时，维护个体隐私的完整性。这一技术路径在多种应用场景中大放异彩，包括但不限于关系数据库、个人移动轨迹、时空数据追踪、社会网络分析、查询日志记录及数据挖掘等领域。

（2）隐私保护数据挖掘的功能与挑战

数据挖掘作为揭示数据深层价值的关键手段，正引领着人们运用多样化算法探索支持决策制定及创造商业价值的隐藏信息。然而，这一过程也伴随着安全与隐私的双重考验。IBM Almaden 研究中心在 ACMSIGMOD 盛会上率先引入了“隐私保护数据挖掘（PPDM）”的概念，旨在平衡数据洞察与隐私保护的微妙关系。PPDM 聚焦于两大核心议题：首先，确保数据接收者在处理过程中不侵犯个体隐私，需对原始数据中的敏感信息如个人标识、姓名、住址等进行脱敏或剔除；其次，通过数据挖掘算法获取的知识本身若含敏感成分，亦需进行相应处理，以防泄露个人隐私。

PPDM 的核心使命在于设计算法，巧妙修改原始数据，确保在挖掘流程结束后，隐私数据与知识依旧保持其隐秘性。当前，实现 PPDM 主要依托干扰、加密及匿名化等技术手段。此外，为防止攻击者通过跨视图链接识别个体身份，我们还需实施连接防护措施。面对 PPDM 实践中的一大挑战——维度灾难，研究者们通过识别关键属性以降低数据维度或压缩大量属性，从而有效应对。随着大数据时代的深入发展，PPDM 作为价值挖掘的关键研究领域，将持续吸引创新方法的涌现，以更好地服务于大数据应用的广泛需求。

（3）差分隐私保护

随着隐私保护需求的日益严苛，传统匿名化方法因易受背景知识推断敏感信息的局限而面临挑战。差分隐私保护作为一种先进的隐私保护策略，以其强大的语义保证脱颖而出。该策略构建了一个严苛的攻击模型，并通过严谨的数学证明和量化分析，确保了即便攻击者掌握除特定记录外的所有敏感信息，也无法推断出该记录的任何敏感细节，从而极大地降低了隐私泄露的风险。差分隐私保护的独特之处在于，其保护效果不依赖数据集的具体记录增减，确保了数据的稳定性与隐私性并存。其目标是在最小化隐私泄露的同时，最大化数据的使用价值，这一特性使其自诞生以来便在统计数据库领域广受推崇，并迅速跨越领域界限，广泛应用于数据挖掘、机器学习、社交网络、安全通信、经济学及密码学等多个领域。

差分隐私保护通过向数据集中注入精心设计的随机噪声实现隐私保障，噪声量仅与数据的全局敏感性相关，而非数据集规模，这一特性使得在大型数据集上实现高效隐私保护成为可能，仅需微量噪声即可达成高级别隐私等级。实践中，拉普拉斯机制、指数机制及数据库访问机制是常见的噪声添加方式。在数据发布层面，差分隐私保护倾向于采用非交互式框架，发布满足分析需求的同时蕴含敏感信息的数据集，技术手段涵盖直方图、采样过滤、数据立方体及复杂数据结构划分等，以适应多样化的数据分析场景。

总体而言，差分隐私保护不仅有效遏制了隐私泄露风险，还保障了数据的广泛可用性，成为大数据时代隐私保护的核心技术与研究热点。它在处理个人隐私敏感信息方面展现出巨大潜力，如商品购买行为分析、个性化推荐、社交网络挖掘、位置定位服务及第三方数据共享等场景均受益匪浅。然而，面对大数据的动态生成特性，如何优化动态数据的差分隐私保护策略，仍是未来研究的重要方向。

（4）数据访问控制的个人隐私保护

当前，众多企业纷纷引入机制，赋予个人对其敏感信息的控制权，让用户能够自主决定哪些信息被公开及向谁公开。这些机制允许用户设定精细的访问权限和条件约束，以确保个人数据的隐私得到尊重。例如，在新浪微博上，用户发布信息时可灵活选择“密友圈”“仅自己可见”或“分组可见”等选项，实现对信息受众的精准限定；若未做特定选择，则默认为公开状态，所有用户均可查看。博客平台同样提供了“公开”“博友可见”及“私人”等多种查看权限选项，让用户根据博文内容调整访问范围。在社交通信工具 QQ 中，权限设置涵盖了“所有人可见”“仅好友可见”及“仅自己可见”等选项，让用户根据个人意愿管理信息的公开程度。而 Facebook 则进一步细化了权限设置，包括“私人”“指定人”“仅朋友”“朋友的朋友”及“每个人”五种级别，默认虽为公开，但用户可轻松调整以适应不同分享需求。这些机制共同体现了企业对用户隐私保护的重视，以及技术对个人数据自主权的赋能。

二、大数据与信息安全

（一）信息安全概述

1. 定义

信息安全是一个多维度、综合性的概念，其核心在于确保信息的五大关键属性：保密性、真实性、完整性、防止未经授权的复制，以及所依托系统的安全无虞。这一领域广泛涵盖了从商业机密保护到青少年免受不良信息侵害，再到个人隐私防泄露等多个方面。在网络环境中，构建坚实的信息安全体系尤为关键，它依赖一系列安全组件的协同作用，包括安全的操作系统、严密的安全协议及多种安全机制（如数字签名、消息认证、数据加密等），直至集成化的安全系统解决方案如 UniNAC、DLP 等。值得注意的是，任何环节的安全漏洞都可能成为整个安全防护链的薄弱环节，对整体安全构成威胁。因此，信息安全的目标在于全方位保障信息系统（涵盖硬件设施、软件应用、数据资源、人员操作、物理环境及其支撑基础设施）免受意外或恶意因素导致的破坏、篡改或泄露，确保系统持续稳定、高效运行，信息服务不间断，最终支撑业务的连续性和稳定性。

2. 影响信息安全的主要因素

信息安全是一个多维度、系统性的工程，涵盖了技术、操作与管理三大核心层面。在技术层面，其涉及产品与过程的部署，如防火墙、防病毒软件、入侵检测系统及加密技术的应用，以构建坚实的技术防护屏障。操作层面则聚焦于加强安全机制与方法的实施，包括纠正潜在的运行缺陷、应对各类威胁造成的安全问题、实施严格的物理访问控制、增强数据备份能力，并确保系统免受环境威胁的影响。而管理层面，则侧重于通过制定政策、开展员工培训、规划业务连续性策略等非技术手段，基于信息安全理念来指导日常工作，同时融入政策法规、教育普及、管理标准等多维度考量，确保安全措施全面而深入。值得注意的是，任何单一层面的安全措施均难以独当一面，信息安全必须从系统工程的角度出发，综合施策，方能实现全方位、立体化的防护效果。

3. 信息安全的目标与原则

（1）信息安全的目标

信息安全技术的核心旨在达成五大安全目标，即保密性、完整性、可用性、可控性与不可否认性，这五大要素共同构建了信息安全的坚固基石。保密性确保敏感信息不被未授权主体获取，无论信息载体是纸质文档还是数字化环境，均需严格防护以阻止信息泄露。完整性则要求信息在传输与存储过程中保持其原始状态，防止未经授权的篡改，以维护信息的真实性。可用性强调授权用户在需要时能够迅速访问信息，这是网络化时代对信息安全提出的新挑战。

此外，可控性与不可否认性进一步强化了信息安全的管理维度。可控性着眼于对信息及信息系统的安全监控，预防非法利用，确保合法操作。而不可否认性则在网络环境中确保了信息交换双方对其发送或接收行为的不可否认，增强了交易的透明度和可信度。这两大目标有效补充了保密性、完整性和可用性，通过约束授权用户的行为，保障其在授权范围内合法访问，并接受必要的监督与审查。

除上述五性外，信息安全的范畴还涵盖可审计性与可鉴别性等要素。可审计性确保了信息系统的行为主体无法否认其信息处理活动，为事后追责提供了依据。而可鉴别性则侧重信息接收方对发送方身份的验证能力，增强了通信双方的身份确认机制，与不可否认性相辅相成，共同提升了信息安全体系的严密性。

（2）信息安全的原则

信息安全目标的实现依赖一系列基本原则的严格遵守，这些原则构成了信息安全技术的基石。首先，最小化原则强调敏感信息的访问应严格限制于“满足工作需要”的必要范围内，确保知情权的最小化，具体体现为“知所必须”与“用所必须”，即仅授权必要人员以适当权限。其次，分权制衡原则倡导在信息系统内合理划分权限，使各授权主体间形成相互制约与监督的关系，避免单一主体权限过大带来的安全隐患。再次，安全隔离原则作为信息安全的基础策略，主张通过主体与客体的有效隔离，在可控条件下实施访问，确保信息安全。

此外，生产实践中我们还提炼出若干实施原则，进一步细化和扩展了上述基本原则。整体保护原则强调全面视角，谁主管谁负责原则明确了责任归属；适度保护的等级化原则、分域保护原则、动态保护原则分别从不同维度指导了安全措施的差异化实施；信息流向原则则规范了信息在系统内外的流动方向，确保信息流的安全可控。这些原则共同构成了信息安全策略的全面框架，为信息安全技术的有效应用提供了有力支撑。

（二）大数据时代的信息安全隐患

随着信息技术的飞速发展，大数据已成为现代社会不可或缺的一部分，它不仅深刻影响着企业的决策效率与市场竞争力，还显著改变了人们的生活方式。然而，大数据的广泛应用与积累也伴随着一系列严峻的安全挑战，尤其是网络攻击的目标日益聚焦于大数据，其背后的风险与威胁不容忽视。

1. 大数据成为网络攻击的显著目标

大数据的“海量”与“敏感”特性，使其成为网络空间中的一块“肥肉”。庞大的数据量意味着潜在的攻击回报更高，黑客一旦得手，便能一次性窃取大量信息，极大降低了其“作案成本”。这种诱人的利益驱动使得大数据成了黑客眼中的“香饽饽”，吸引了众多潜在攻击者的目光。

2. 隐私泄露风险加剧

大数据的集中存储虽便于管理与分析，但这也极大地增加了用户隐私泄露的风险。数据的集中存储如同一个巨大的宝库，一旦数据遭遇泄露，后果不堪设想。此外，由于数据所有权和使用权的界定不明，很多基于大数据的分析往往忽视了个体隐私问题，这进一步加剧了隐私泄露的危机。

3. 挑战现有的存储与安防措施

大数据的存储与管理给现有的安全体系带来了前所未有的挑战。数据的大集中和多样性使得传统的安全控制措施难以有效应对，安全防护手段的更新升级速度远远跟不上数据量的非线性增长。这不仅增加了安全管理的复杂性，还可能导致安全漏洞的暴露，为黑客提供可乘之机。

4. 大数据技术成为黑客的攻击利器

在企业利用大数据技术进行商业挖掘与分析的同时，黑客也开始将这些技术应用于网络攻击中。他们通过大数据分析收集更多有用信息，实现攻击的精准定位与高效执行。例如，黑客可以通过分析社交网络、邮件、电子商务等多源数据，构建用户的完整画像，进而实施更加精准的攻击。

5. 高级可持续性攻击的温床

大数据还为高级可持续性攻击提供了理想的载体。高级可持续性攻击具有隐蔽性强、持续时间长等特点，传统的基于威胁特征的实时检测手段难以有效应对。而大数据的低价值密度特性使得安全分析工具难以聚焦在真正的威胁点上，黑客可以轻易地将攻击隐藏在海量数据中，给安全服务提供商的分析带来巨大困难。

6. 大数据技术为信息安全提供新支撑

尽管大数据面临诸多安全挑战，但它也为信息安全的发展提供了新机遇。通过对海量数据的深度分析与挖掘，信息安全服务提供商能够更准确地刻画网络异常行为模式，提前发现并阻止潜在的安全威胁。此外，大数据技术还有助于实现数据的预防性分析和实时监控，从而有效提升网络安全防护能力。

大数据在推动社会进步与经济发展的同时，也带来了前所未有的安全挑战。为了有效应对这些挑战，我们需要不断创新安全技术与手段，加强数据保护意识与制度建设，共同构建一个安全、可信的网络空间。

（三）保障大数据时代信息安全的建议

1. 重视大数据及其信息安全体系建设

尽管“大数据”作为新兴概念，尚未以专有名词形式被直接纳入我国政府的政策支持范畴，但在其发展规划的蓝图上，我们提议应加大对大数据信息安全现状的宣传攻势，提升公众及行业对其重要性的认识。同时，我们需清晰界定大数据领域的核心保护对象，特别是那些敏感与关键数据，实施更为严格的监管措施。在此基础上，我们应加速推进面向大数据环境的信息安全技术研发，不断创新安全技术手段，以适应日益复杂的数据安全挑战。此外，我们应重视大数据安全专业人才的培育与发展，构建跨学科、多层次的人才培养体系，为大数据安全领域注入持续动力。最终，我们旨在建立健全一套完整的大数据信息安全防护体系，确保大数据在促进经济社会发展的同时，其安全性与隐私保护得到根本保障。

2. 加快大数据安全技术研发

随着云计算、物联网、移动互联网等前沿技术的蓬勃兴起，大数据的采集、处理与应用领域正面临着前所未有的安全挑战。为有效应对这些挑战，我们提议加大对大数据安全保障核心技术的研发投入，旨在提升我国大数据安全技术的自主研发能力与产品竞争力。具体而言，我们应积极推动基于大数据的安全技术创新，深入研究利用大数据进行网络攻击追踪的新方法，力求在大数据技术驱动的安全领域占据先机。通过这些努力，我们不仅能够有效增强大数据环境下的安全防护能力，还能为我国在全球信息安全格局中赢得更为有利的地位。

3. 加强对重点领域敏感数据的监管

海量数据的汇聚显著提升了敏感信息暴露的风险，而无序利用大数据则进一步加剧了关键信息泄露的威胁。针对此，政府应发挥主导作用，清晰界定重点领域的数据库范畴，并配套出台详尽的管理规范与安全操作指南，强化日常监督与管理机制，确保数据使用的合法合规与安全可控。同时，企业层面亦需自我加压，优化内部管理流程，特别是针对移动设备制定严格的安全使用标准，明确大数据使用的规范路径与操作流程，从而构建内外联动、协同高效的数据安全防护网。

4. 运用大数据技术应对高级可持续性攻击

面对传统安全防御手段在识别高级持续性攻击时的局限性，安全行业需积极拥抱大数据技术，通过对事件、攻击模式及时间空间特征的深度挖掘与分析，构建出精准描述威胁特征的模型，进而转化为高效的大数据安全工具。然而，这一过程复杂且漫长，可能跨越数月乃至数年，同时伴随着高昂的人力、物力与财力投入。为此，我们倡议整合现有的大数据处理资源，优化协调数据处理与分析机制，促进关键数据库间的数据共享，以加速高级可持续性攻击威胁建模的进程。通过这一策略，我们不仅能有效缩短建模周期，还能显著提升对高级可持续性攻击的识别与防御能力，从而有效消除和控制其潜在危害。

第二节　大数据与人工智能带来的管理革新

一、大数据变革供应链的方向

大数据与云计算正逐步重塑供应商网络，赋予其前所未有的数据准确性、清晰度及深刻洞察力，推动共享供应链向情境智能的更高层次迈进。前瞻性的制造商正积极将供应链运营重心外移至企业边界之外，高达80%或更多比例的供应链活动依托大数据与云计算技术展开，旨在突破传统ERP及SCM系统的框架限制。面对快速迭代的产品周期与市场竞争中对速度、质量及准确性的高要求，传统系统因局限于订单处理、物流跟踪及基础交易数据管理，其扩展性不足已成为制约供应链管理的关键瓶颈。

为了在这场围绕精准度、时效与品质的竞争中脱颖而出，制造商们迫切需要供应商网络融入情境智能，而这是传统 ERP/SCM 系统难以独自承载的任务。遗憾的是，尽管潜力巨大，目前多数企业尚未充分整合大数据技术于供应链运营之中。鉴于此，以下是对大数据如何引领供应链变革的关键要素概览，旨在揭示大数据技术在提升供应链效能与智能化水平上的无限可能。

（一）情景智能

随着供应链数据在规模、广度及深度上的迅猛扩张，这为情景智能在供应链管理中的应用奠定了坚实的数据基石。传统核心交易系统如 ERP、SRM 和 CRM，尽管内部数据体量庞大，但其在全局数据源中仅占据一隅。大数据驱动的供应链管理要求深刻洞察供应链的四大核心行为：采购、销售、物流与仓储，这些行为直接关联采购、市场、运输及仓库管理等关键 SCM 杠杆。面对如此错综复杂的数据网络，我们唯有借助大数据分析技术，方能解锁其潜在价值，将其转化为提升企业供应链效能的实际力量。

当前，众多企业虽坐拥海量数据，却常陷入“数据丰富，洞察匮乏”的困境。因此，企业需转变视角，将数据从单纯的信息资产升华为战略资产。在数据泛滥的时代，单纯的数据积累已难以构成竞争优势；关键在于如何运用独特的信息使用战略，即依托大数据驱动的供应链管理策略，来构建更为坚固且差异化的供应链竞争力。这不仅是对数据处理能力的考验，更是企业战略智慧与创新能力的体现。

（二）知识共享型供应链价值网络

大数据正成为推动供应商网络向更深层次知识分享与协作转型的关键力量，促使这一网络超越简单的交易执行层面，迈向价值创造的新高度。在新兴市场与成熟市场中，大数据深刻改变着供应商网络的构建、成长及扩展路径。在这一转型过程中，交易的即时完成已不再是终极目标，而是转变为构建一个能够促进知识自由流动与共享的网络环境，这样的网络不仅能够强化供应链的整体效能，还能激发创新，为所有参与者带来更为持久的增值效应。

（三）供应链能力的提升

大数据与高级分析技术的融合正以前所未有的速度渗透并强化供应链的各项能力。德勤的最新调研成果揭示，当前供应链领域内应用最为广泛的四大核心能力依次为：优化工具，通过精准算法提升运营效率；需求预测，借助大数据分析精准把握市场动态；集成业务预测，实现供应链各环节信息的无缝对接与前瞻规划；以及供应商协作与风险分析，强化供应链伙伴间的协同效应，同时有效识别并管理潜在风险。这些能力的整合应用，标志着供应链管理的智能化、精细化时代已经到来。

（四）供应链领域的颠覆性技术

64%的供应链高管将大数据分析看成颠覆性的重要技术，这是企业长期变革管理的重要基础。

（五）优化整合供应链配送网络

借助基于大数据的地理分析技术，供应链配送网络得以全面优化与整合。这一创新融合不仅解决了配送服务中长久以来的诸多难题，还显著缩短了服务响应时间，同时大幅提升了服务的精确性。通过深度挖掘地理信息与大数据分析的力量，供应链运作效率得到质的飞跃，超越了传统有线 TV 技术时代的服务局限，开启了物流配送服务的新篇章。

（六）供应链问题的优化

对供应链问题的优化。大数据可以帮助企业将对供应链问题的反应时间提升 41%，将供应链效率提升 10% 甚至超过 36%，将跨供应链的整合提升至 36%。

（七）供应链运营的整合

供应链运营的深度整合分析惊人地揭示，将大数据分析无缝融入供应链日常运作中，能够显著将订单满足周期加速至原先的 4.25 倍，同时供应链整体效率也实现了高达 2.6 倍的提升。这一数据不仅震撼人心，更有力证明了供应链运营的全面整合与大数据分析技术的深度融合，是驱动供应链效能飞跃的关键路径。

（八）供应链财务指标的追踪

供应链战略、战术及运营层面的深入情境智能应用，正深刻影响着企业的财务健康。供应链可视化作为这一进程的关键一环，为企业提供了前所未有的透明度，让管理者能够直观洞察供应商网络的多层次结构，从而做出更加精准高效的决策。实践证明，将供应链决策的财务影响追溯至具体的财务指标是完全可行的，这不仅增强了决策的科学性，还促进了财务与供应链管理的深度融合。进一步地，通过大数据技术与财务系统的紧密集成，企业得以实现库存周转率的显著提升，这一举措在加速资金流动、优化成本结构方面展现出巨大潜力，为行业竞争力的快速提升奠定了坚实基础。

（九）产品质量追踪

产品追踪和召回本质上都是数据密集型的，大数据在这方面的潜在贡献是显著的，因此我们不加以详细叙述。

（十）供应商质量提升

借助大数据驱动的质量控制机制，供应链的质量水准得以显著提升，这一举措恰好契合了大数据分析的核心优势领域。通过大数据的实时生成与追踪功能，企业能够跨越地域限制，对每一位供应商进行全天候、无死角的监控与管理。这种高度透明化的管理模式不仅促进了供应商自我质量意识的觉醒，更为其提供了针对性的改进方向，从而对供应链整体质量的跃升产生了深远的积极影响。

二、大数据下的智能管理

21 世纪，大数据已成为组织不可或缺的战略资源。信息技术的飞跃与互联网的普及，极大地加速了信息的采集与传播，实现了全球范围内的无缝共享与交互，构建起信息社会的坚实基石——通信网络。这一基础设施不仅打破了时空界限，更紧密地将世界联结成一个整体。然而，随之而来的“信息爆炸”现象，即信息量急剧增长超出个体或系统处理能力，导致信息筛选与有效利用成为挑战。大数据技术的引入，虽加速了知识累积，但知识的多样性、粗糙性、时效性与分散性特征，使得有效鉴别与筛选成为难题，尤其当知识量庞大或难以直观解释时，人工处理显得力不从心。此外，知识的时效性与动态性进一步加剧了管理难度，传统被动式知识利用方式无法满足即时需求，增加了知识审计的成本与复杂度。

面对这一系列挑战，如何高效利用大数据挖掘的知识，解决现有知识管理实践中的瓶颈，尚需学术界深入探索。大数据知识，作为深藏于数据库与互联网背后的规律，其特性难以简单归类于显性或隐性知识范畴，现有知识管理体系对此类知识的有效管理策略尚显不足。大数据领域的专家多聚焦于数据建模与知识提取阶段，而对于后续知识的筛选、应用策略则研究不足。因此，促进知识管理与大数据技术的智能融合，对于提升组织决策效能、增强企业核心竞争力而言，具有深远意义，亟待学界与实践界共同关注与推进。

在大数据背景下，智能管理的新探索聚焦于如何创新技术路径，构建一套综合性的解决方案，旨在将海量信息洪流转化为个性化、智能化的知识服务，进而增强组织与个人的信息驾驭力与决策智慧。传统智能知识管理虽以 IT 为基石，侧重于管理平台的功能智能化，却往往忽视了从海量数据中高效提取、整合及应用知识的系统性方法，尤其是知识本身的智能化潜力未被充分挖掘。面对知识量的爆炸式增长，单纯依赖智能管理平台已显力不从心，我们呼唤知识本身具备自我学习、自我管理能力的新模式。

为此，我们需从数据本源出发，借鉴复杂性科学理论，深入剖析大数据驱动下的知识特性与统一表达机制，赋予知识以记忆、学习、识别乃至自我更新与淘汰的智能属性，从而有效缓解管理平台的承载压力，应对信息过载挑战。智能知识，作为大数据技术与人机交互深度融合的产物，不仅蕴含价值，更展现出记忆、识别环境变化、持续进化与适时淘汰等高级智能特性。

智能知识管理应运而生，它融合心理学、复杂系统论与人工智能等前沿理论技术，将大数据技术捕获的原始知识与主体知识（涵盖规范、经验、领导意图及企业特定情境等）深度融合，通过智能手段进行精细化的过滤、筛选、提炼、存储与转化。这一过程不仅提升了知识的智能化水平，还促进了知识的自我更新与智能应用，确保在关键时刻将精准知识精准送达所需之人，极大地增强了知识的实用性与时效性，为知识管理领域开辟了应对信息爆炸、提升管理效能的新篇章。

三、大数据和人工智能给供应链带来的影响

在AI浪潮与大数据、云计算、机器学习等技术的广泛渗透下，企业供应链管理正经历着深刻的变革。利用AI技术深度剖析传统ERP积累的海量数据，并融合多维度大数据变量，企业得以制定出更加智能化、前瞻性的供应链决策，这标志着AI时代对企业运营模式的重大创新。然而，技术创新能否切实转化为企业的直接价值增值，关键在于技术应用的适宜性，这依赖于四大核心要素：明确的企业应用场景、丰富的原始数据积累、强大的技术分析能力及适配的工作流程。这些前提构成了企业有效采纳、实施并整合新技术于管理流程中的关键基石。

当前，人工智能领域的创业热潮汹涌，众多携带深厚技术底蕴的初创公司借势而起，吸引了大量资本关注。机器学习专家、优化算法研究者乃至运筹学、视觉识别领域的资深学者，其市场影响力和资本吸引力前所未有。在人工智能创业生态中，拥有算法领域的“首席科学家”几乎成了市场认可与资本青睐的标配。然而，在供应链智慧决策领域，仅凭技术光环并不足以推动真正的创新，关键在于能否深刻理解企业的独特需求及其所处行业的特性，从而科学优化决策流程。

尽管互联网与高科技行业在AI应用上已展现出高度的融合与广泛覆盖，但众多传统行业如制造业、能源、鞋服及快消品等，尽管痛点明显且系统建设参差不齐，却都面临着技术应用的最大障碍。这些行业亟需突破技术采纳的瓶颈，以实现AI技术对其供应链管理的深度赋能。

企业间在系统应用程度上的显著差异，尤其是在供应链管理领域，如零售行业中

CRM、WMS 与 ERP 系统的应用差异显著，从高度协同的需求链信息系统到基础进销存管理，跨度巨大。这要求供应链管理公司在切入时，需精准选择应用场景，确保技术应用既有所为又有所不为，避免盲目追求“黑科技”而忽视实际需求。

以化妆品巨头为例，其内部信息系统繁杂，需克服数据孤岛挑战，实现系统间数据互联互通，并引入外部数据源以深化分析。在商品管理领域，技术应用应聚焦于选品、定价、促销等关键环节，通过定制化的模型算法与现有业务数据融合，满足多样化商业目标，构建智能商业决策闭环。

构建以需求为导向的供应链智慧化决策体系，关键在于跨领域专业知识的深度融合。算法与运筹学虽为基础，但实践中我们需结合行业业务规律与企业流程差异，定制化数据模型，确保技术有效服务于企业运营。

AI 技术作为企业核心竞争力的重要组成部分，其重要性不言而喻。然而，当前阶段我们应聚焦于根据不同业态发展阶段，探索 AI 的适宜应用场景，利用企业历史数据进行深度剖析，从工作流视角优化应用策略，最终构建从数据采集、分析、建模、预测到决策支持的全链条数据闭环。这不仅是 AI 技术在企业中的有效落地路径，也是构建技术壁垒、塑造独特商业模式的关键所在。

第三章
大数据技术与数据处理

第一节　数据平台系统的构建

一、数据存储和计算

（一）常规数据仓库

常规数据仓库的重点在于数据整合，同时这也是对业务逻辑的一种梳理。虽然我们也可以打包成多维数据集、多维数据库等来提升数据的读取性能，但是数据仓库的作用更多的是为了解决企业的业务问题，而不仅仅是性能问题。

1. 常规数据仓库的优点

（1）数据仓库的架构方案已经相当成熟，这一领域有广泛的实际应用案例，并且有多位专业人士成功将其落地实施。这意味着，无论企业规模大小，我们都可以找到适合自己需求的数据仓库架构方案。

（2）从实施的角度来看，数据仓库的建设并不复杂。其核心在于仓库的建模及ETL处理。这些技术对于许多软件公司来说已经是驾轻就熟，因此实施难度主要取决于业务逻辑的复杂程度，而非技术实现的难度。这使得数据仓库的建设更加贴近业务需求，更加易于实现。

（3）数据仓库的建设还具有极高的灵活性。这一特点主要体现在两个方面：一是仓库模型和ETL逻辑的修改相对容易，其可以根据业务需求的变化进行快速调整；二是对于上层的数据分析而言，SQL语言为仓库数据的分析处理提供了强大的灵活性，可以满足各种复杂的分析需求。这种灵活性使得数据仓库能够更好地适应企业业务的发展变化，为企业决策提供有力的支持。

2. 常规数据仓库的缺点

在探讨特定技术或系统实施时，我们往往会遇到两大显著挑战：一是实施周期相对较长，二是数据处理能力存在局限性。

首先，关于实施周期的问题，这往往与业务逻辑的复杂程度紧密相关。一个系统的成功部署不仅仅依赖技术的成熟度与稳定性，更在于对业务逻辑的深刻理解和精准把握。因此，大量的时间可能被用于梳理和优化业务逻辑，以确保系统能够准确无误地映射并满足实际业务需求。这一过程并非由技术瓶颈所主导，而是由业务本身的复杂性和多样性所决定。

其次，数据处理能力的有限性也是一个不容忽视的问题。尽管现代数据库系统和技术在不断提升其处理效率和容量，但面对海量数据和非关系型数据的处理时，其仍显得力不从心。然而，值得注意的是，这种“有限”是相对的。对于大多数企业而言，其日常处理的数据量往往难以突破太字节的级别。在这一量级下，许多数据库系统仍能提供稳定且高效的数据处理能力。然而，当数据量进一步增长，尤其是需要实时处理时，传统数据库技术就面临着严峻的挑战。

再次，实时处理要求的提出，正是大数据应用与传统数据仓库技术之间的关键区别之一。随着数据量的爆炸性增长，数据的新鲜度和时效性变得尤为重要。传统数据库在数据存储和查询方面虽然有着丰富的经验和成熟的技术，但在面对如此庞大的数据量时，其存储和处理能力就显得捉襟见肘。相比之下，大数据应用通过采用分布式存储和并行处理技术，能够更好地满足实时处理的需求，为企业提供更加及时和准确的数据支持。

最后，实施周期长和数据处理能力有限是当前技术实施中面临的两大主要挑战。然而，通过深入理解业务需求、选择合适的技术方案及不断优化系统性能，我们可以逐步克服这些挑战，为企业的发展提供更加坚实的技术支撑。

（二）大规模并行处理（MPP）架构

面对海量数据的挑战，传统的数据库模式显得力不从心。它们不仅造价高昂，而且在技术层面难以满足高性能计算的需求，其架构的扩展性也受到限制。特别是在独立主机的 CPU 计算和 IO 吞吐能力上，传统数据库难以支撑海量数据的处理需求。

为了克服这些局限，分布式存储和分布式计算技术应运而生。其中，MapReduce 计算框架（如 Hadoop）和 MPP 计算框架成了解决大数据问题的关键方案。Greenplum，作为一款基于 MPP 架构的数据库系统，更是以其独特的优势脱颖而出。

Greenplum 的数据库引擎构建在 PostgreSQL 之上，其通过 Interconnect 连接技术，实现了对集群中多个 PostgreSQL 实例的高效协同和并行计算。这种设计不仅提升了数据处理性能，使 Greenplum 能够轻松应对 100TB 级的数据量，还为企业构建数据仓库提供了强大的支持。

在 Greenplum 数据平台上，企业可以实现两个方面的优化：一方面，通过利用 Greenplum 的并行计算能力，显著提升数据处理性能；另一方面，通过数据仓库的搭建，对企业业务逻辑进行梳理，实现对业务数据的整合和分析。这种综合性的解决方案，为企业应对大数据挑战提供了有力的武器。

1. Greenplum 的优点

Greenplum 作为一款强大的数据处理解决方案，以其对海量数据的卓越支持能力而著称，并积累了大量成熟的应用案例，这充分证明了其在处理大规模数据集时的可靠性和高效性。尤为值得一提的是，Greenplum 在扩展性方面展现出非凡的能力，据称可以线性扩展到 10000 个节点，且每增加一个节点，无论是查询性能还是数据加载速度都能实现线性增长，这种高度可扩展性为用户应对未来数据增长提供了坚实的保障。

在易用性方面，Greenplum 同样表现出色。它简化了复杂的调优过程，让用户无须深入底层进行烦琐的配置，即可享受系统自动完成的并行处理带来的性能优势。此外，Greenplum 依然采用 SQL 作为交互语言，这一设计不仅降低了用户的学习成本，还使得数据分析和查询操作变得更加简单、灵活且强大。

除了基本的数据处理功能外，Greenplum 还研发了众多高级数据分析管理功能，如外部表的支持、Primary/Mirror 镜像保护机制以确保数据的高可用性，以及行/列混合存储策略以优化不同场景下的查询性能。这些高级功能的引入，进一步提升了 Greenplum 在复杂数据分析场景下的应用价值。

从稳定性的角度来看，Greenplum 作为一款具有悠久历史的纯商业数据产品，其稳定性相较于一些新兴的 Hadoop 产品而言更加有保障。众多知名企业如纳斯达克、纽约证券交易所、平安银行、建设银行及华为等都已经建立了基于 Greenplum 的数据平台，这些成功案例从侧面验证了 Greenplum 在稳定性方面的卓越表现。因此，对于需要处理大规模数据并追求高稳定性的企业来说，Greenplum 无疑是一个值得考虑的选择。

2. Greenplum 的缺点

（1）Greenplum 的定位明确，它专注于在线分析处理领域，而非在线事务处理交易系统。这一特性与我们所搭建的数据中心的定位不谋而合，因为我们主要关注数据分析而非实时交易处理。

（2）在成本方面，Greenplum 的部署需要考虑两个主要因素。首先是硬件成本，Greenplum 对硬件有一定的规格要求，包括内存和网卡等，这可能会增加一定的初期投资。其次是实施成本，这主要涉及人力资源的投入。Greenplum 从基本的安装配置到数据仓库的构建，都需要专业人员的参与和时间的投入，这也是一个不可忽视的成本因素。

（3）从技术门槛的角度来看，相对于一般的数据仓库解决方案，Greenplum 确实具有较高的技术门槛。这主要体现在其复杂的安装配置过程、高级的并行计算特性及对于数据仓库模型构建的深入理解等方面。因此，对于想要采用 Greenplum 作为数据仓库解决方案的企业来说，其需要具备相应的技术实力和人才储备。

（三）Hadoop 分布式系统架构

Hadoop 作为大数据处理领域的佼佼者，其影响力与日俱增，与 Greenplum 的开源之路亦有着不解之缘。Hadoop 以高可靠性、高扩展性、高效性和高容错性著称，在互联网领域赢得了广泛的应用，包括雅虎、Facebook、百度、淘宝、京东等巨头企业均将其作为数据处理的核心工具。Hadoop 的生态体系庞大且多元化，不仅限于构建数据平台，还深入数据分析、机器学习、数据挖掘及实时系统等多个领域，展现了其强大的生命力和适应能力。

当企业数据量达到一定规模时，Hadoop 往往成为首选方案，因为它能够解决性能、时效性和复杂分析挖掘功能等多方面的问题。在实时计算领域，Hadoop 生态体系中的 Spark 等框架更是与 Hadoop 紧密结合，共同推动大数据处理技术的发展。此外，随着 SQL - on - Hadoop 技术的兴起，如 Hive、Impala、SparkSQL 等解决方案的涌现，Hadoop 的易用性得到了显著提升，对传统的 MPP 产品市场构成了一定的压力。

对于企业而言，在构建数据平台时选择 Hadoop 具有明显的优势和劣势。优势方面，Hadoop 具备强大的大数据处理能力、高可靠性和容错性，同时成本相对较低，且开源特性使得企业可以根据自身需求进行定制和优化。然而，Hadoop 的体系复杂且技术门槛较高，这也是其不可忽视的劣势。因此，在数据平台选型时，企业需要根据自身实际情况和需求进行权衡和选择。

总的来说，Hadoop 生态圈为海量数据的存储和计算提供了全面的解决方案，包括结构化、非结构化和半结构化数据的处理。通过 HDFS、HBase、Hive 等存储方案及 MapReduce、Storm、Spark 等并行计算和流计算技术，Hadoop 能够满足企业在不同场景下的数据处理需求。在大数据时代，Hadoop 已成为企业构建数据平台不可或缺的一部分。然而，企业在选择 Hadoop 时也应保持理性，避免盲目追求大数据处理而忽略实际需求和成本效益。

二、数据质量

（一）人工智能系统本身的数据质量

在大数据时代背景下，数据作为信息的基石，其质量已跃升为衡量资源价值的核心指标。随着数据量的激增，如何提升数据质量成了一个亟待解决的挑战。对于企业而言，无论是市场洞察、客户关系管理、财务透视还是战略规划，均依赖于高质量数据的搜集、深度分析及知识挖掘，以赋能决策层做出精准判断。而对于政府，数据更是支撑社会治理、优化公共服务、评估政策效果及公共资源利用效率的基石，因此其对数据的需求更加迫切，对数据质量的要求也更为严苛。

在人工智能领域，数据质量更是直接关系到系统性能的成效。依据“垃圾进，垃圾出”的原则，我们只有确保输入数据的可靠性、准确性和完整性，才能让人工智能系统在复杂多变的环境中做出有意义的分析与预测。反之，若数据质量低劣，即便采用最先进的分析工具、构建最合理的模型、运用最优化的算法，也无法避免产生误导性的结果，进而可能误导决策，造成不可估量的损失。

因此，构建一个高效的数据质量管理体系对于人工智能系统至关重要。这一体系需涵盖数据收集、设计、分析、评估及修正等多个环节，旨在全方位识别并解决数据中存在的问题，持续推动数据质量的提升。通过这样的努力，我们不仅能确保人工智能系统稳定运行，还能为其输出高质量、有价值的洞察，为各行各业的决策提供坚实的数据支撑。

（二）大数据环境下数据质量管理面临的挑战

随着移动互联网、云计算、物联网技术的迅猛推进，数据的生产者与生产环节均呈现出井喷式增长态势，数据量的激增如同指数般跃升。在这个信息与技术日新月异的时代，企业运营与社会活动的数字化进程不断加速，数据已成为推动发展的核心要素。以全球零售业巨头沃尔玛为例，其每日通过遍布全球的6000余家门店向全球顾客售出超过2.67亿件商品，这一过程中每小时便能累积高达2.5PB的交易数据，彰显了数据规模的庞大。

与此同时，物联网技术的普及使得传感数据逐渐成为大数据的重要源泉之一，这进一步丰富了数据的多样性和复杂性。相较于传统数据，大数据时代的数据在规模、速度、种类及价值密度等方面均发生了显著变化，这些变化直接渗透到数据流转的每一个环节，对数据的存储、处理、分析及质量保障提出了前所未有的挑战。特别是在数据质量的维护上，大数据的复杂性更容易导致数据质量问题的产生，进而影响到数据的可靠性和应用价值。因此，如何在大数据时代有效应对这些挑战，确保数据的高质量和高效利用，已成为企业和社会共同面临的重大课题。

（三）落实数据质量信息的采集、分析与监控

为了全面确保数据质量，我们在构建评价体系的基础上，还需实施一系列数据采集、分析及监控措施。具体而言，在数据流转的关键节点设置采集点，实时捕捉并监控数据质量相关信息，随后依据既定评价体系的指标标准，生成详尽的分析报告。这一过程不仅有助于我们深入理解数据源的质量状况，还能有效评估接入数据的品质。

进一步地，通过对比不同采集点的数据分析报告，我们可以清晰地掌握数据处理流程中的工作质量表现，识别潜在的瓶颈与问题区域。在此基础上，结合数据质量持续改进的工作机制，我们能够迅速定位质量问题的根源，采取针对性措施进行处理，

并持续跟踪问题解决的进展，确保数据质量的稳步提升。这一系列综合措施共同构成了保障数据全面可靠性的坚实防线。

（四）完善元数据管理

在数据管理的广阔领域中，数据质量的采集与检查规则本身亦作为数据的一种，被精心定义在元数据的框架之内。元数据，这一“描述数据的数据”，扮演着不可或缺的桥梁角色，它使得纷繁复杂的数据种类与结构得以被清晰地描述与理解。若无元数据的指引，数据使用者将如同置身于信息迷宫，难以精准捕捉所需信息的脉络。正是借助元数据的力量，海量数据方能被赋予意义，转化为可理解、可利用的宝贵资源，进而创造出实际价值。

元数据的范畴广阔，依其用途可细分为技术元数据、业务元数据与管理元数据三大类别。技术元数据聚焦于信息系统的技术细节，是数据开发与管理的基石，详尽记录了数据结构、处理流程、存储方式及位置等关键信息，贯穿于数据的全生命周期。业务元数据则立足业务视角，构建了数据系统与业务使用者之间的语义桥梁，涵盖了业务术语、指标定义、业务规则等核心内容，确保数据的业务价值得以最大化体现。而管理元数据则专注于系统管理层面，详尽描述了人员角色、岗位职责、管理流程等管理要素，为数据环境的稳健运行提供了有力支撑。

一个健全的元数据管理系统，不仅能够为数据质量的采集、分析、监控与改进提供坚实保障，还能够与数据质量管理系统形成良性互动，相互促进，共同推动数据平台向高质量、高效率的目标迈进。两者相辅相成，共同构建了一个稳固、高效的数据管理生态体系，为企业决策提供了强有力的数据支撑。

三、数据管理

（一）数据治理

数据治理作为数据管理的一个核心组成部分，其重要性在业界已得到广泛认可。CMMI 协会的数据管理成熟度模型明确地将数据治理列为六大关键分类之一，而国际数据管理协会在数据管理知识体系中也同样强调了这一点。数据治理不仅是数据管理体系的基石，更是确保数据质量、合规性和价值实现的关键环节。

数据管理本身是一个广泛而全面的概念，它涵盖了数据从采集到应用的全生命周期中所有可重复流程的各个方面。这包括但不限于数据平台的规划与建设、数据访问权限的定义与管理及元数据与资源库管理的标准化实施等。简而言之，数据管理涉及所有与时间、数据相关的流程与活动，旨在确保数据的准确性、安全性、可访问性和有效利用。因此，在理解和实施数据管理时，我们必须将数据治理视为不可或缺的一部分，以全面提升数据资产的价值与效能。

（二）数据建模

数据建模作为数据管理的核心环节，其重要性不言而喻。一个规范化的数据建模框架不仅有助于数据管理实践的跨部门扩展，还能通过一致性原则赋予数据标准以实际价值，尤其是在大数据与人工智能的应用场景中更显关键。数据建模技术作为桥梁，紧密联结了数据管理的各个关键领域，如数据血缘追踪与数据质量评估，尤其在处理非结构化数据整合时展现出独特优势。此外，数据建模还强化了数据管理的结构化与形式化，为数据治理提供了坚实的框架。

在数据管理成熟度模型框架下，数据管理被细分为五大类型：数据管理战略、数据质量、数据操作（生命周期管理）、平台与架构（涵盖集成与架构标准）及支持流程。这一体系全面覆盖了数据管理的各个方面，旨在通过一系列工具与方法，确保企业能够高效、有序地管理其数据资产。其中，数据标准是数据质量的基石，它定义了数据应满足的业务需求与质量标准，进而支持技术层面与业务层面的校验与评估，实现自动化配置与问题诊断。基于数据标准，数据模型得以构建，涵盖数据元定义、数据类划分及主数据管理等核心要素。

面对大数据的崛起，传统数据库管理技术遭遇了前所未有的挑战，尤其是在处理数据多样性与非结构化数据存储方面显得力不从心。尽管如此，通过数据建模技术的创新应用，我们仍能在传统数据库上构建适应大数据特性的多类别数据模型，或直接在如 HBase 等大数据平台上实施建模。数据模型设计遵循层次化原则，基础模型聚焦于关系建模与数据标准化；融合模型则致力于维度建模，实现跨数据源的整合与分析；而挖掘模型则更侧重于应用导向，其成熟模型可沉淀为企业知识资产，供更广泛的用户群体共享与利用。这一过程体现了数据建模的灵活性与适应性，旨在满足不同场景下的数据管理与分析需求。

（三）数据整合

数据整合是一个复杂而精细的过程，它涉及对多种来源的原始数据进行系统性整合与标准化。在整合过程中，新引入的源数据需与平台上的既有标准数据进行匹配，若无法匹配则自动成为新的标准数据项，这一过程通过数据整合工具实现，工具内嵌的数据关联设置确保了数据间逻辑关系的准确性。整合后的数据不仅实现了基本信息的唯一性，还保留了原始数据的可追溯性，通过关键字匹配、自动匹配、新增标准数据及匹配质量校验四大模块协同作用，确保了数据整合的高效与精准。

数据质量校验作为整合流程中的重要环节，分为数据导入质量校验与数据整合质量校验两部分。前者侧重于原始数据与平台数据间的一致性检查，包括数量、关键字段等多维度的比对，以保障数据迁移过程中的准确性；后者则针对整合后的数据进行深度校验，利用 SQL 脚本等工具进行完整性验证，确保匹配结果的准确性。

鉴于数据整合的复杂性和多流程性，现代数据平台通常配备有业务流程管理引擎，该引擎能够灵活配置、高效执行并实时监控整合流程，从而优化整合效率，提升整体数据管理水平。

（四）数据服务

数据模型经过针对特定应用需求的服务封装后，便转化为了数据服务，这一概念与业务系统中的服务概念在本质上是一致的，尽管数据服务的封装过程相较于一般功能服务更为复杂和精细。随着企业大数据战略的不断深化，多样化的大数据应用应运而生，人们对数据服务的需求也随之急剧增长。大数据的规模化应用离不开服务化的支撑，正如某移动运营商所实践的那样，通过封装客户洞察、位置分析、营销管理、终端监测、金融征信等数百项服务，实现了每月数亿次的调用量，灵活高效地满足了内外部大数据服务需求。

数据服务的顺畅运行离不开企业服务总线的支撑。作为基于 SOA 架构构建的关键组件，企业服务总线负责数据服务的发布、监控、统计与审计，确保服务的稳定性与透明度。数据服务的范畴广泛，除了直接提供数据访问的服务外，还涵盖了数据处理、统计与分析（如 TopN 排行榜生成）、数据挖掘（如关联规则挖掘、分类与聚类分析）及预测服务（基于预测模型与机器学习结果的输出）。在某些情况下，算法服务也被视为数据服务的一种，它们共同构成了数据服务生态系统的丰富多样性。

第二节　大数据技术框架

一、数据技术的演进

大数据技术体系可划分为两大核心层面：大数据平台技术与大数据应用技术。大数据平台技术构成了数据处理的基础架构，涵盖数据采集、存储、流转及加工的底层技术支持，如 Hadoop 生态系统，为海量数据的处理提供坚实的计算能力。而大数据应用技术则聚焦于如何将数据转化为实际的商业价值，这包括先进的算法、模型构建、引擎开发、接口设计及产品化等，它们共同作用于数据的深度加工与价值挖掘。

在数据处理的起始阶段，数据的采集与存储是首要任务。随着数据量的爆炸性增长及大数据应用的深化，这些技术也在不断演进。初期，企业主要依赖关系型数据库来管理核心业务数据，但随着数据仓库的独立建设，ETL（数据抽取、转换、加载）流程变得尤为重要，尤其是在数据来源多元化（如日志、应用、爬虫等）的情况下，数据清洗与校验成为确保数据质量的关键环节。缺乏统一数据标准的 ETL 可能导致数据仓库中的信息失真，进而影响后续的数据应用与产品效果。

随着数据生态的复杂化，数据流转呈现网状拓扑结构，涉及多方导入、清洗与使用，但信任缺失导致重复劳动增加，任务关系错综复杂。为解决这一问题，数据管理的引入势在必行，包括元数据标准制定、公共数据服务层建设及数据使用信息披露等措施，旨在提升数据共享与利用的效率与安全性。

面对更大规模的数据处理需求，传统的集中式 OLAP 数据仓库显得力不从心，MPP 架构的专业数据仓库如 Greenplum 应运而生。Greenplum 基于 PostgreSQL 开发，支持大规模集群操作，能够高效处理 PB 级数据，但仍属于数据库技术的范畴。

当数据量进一步激增，如日处理量达到百 PB 级且任务数高达百万级时，更强大的分布式解决方案如 Hadoop、Spark 和 Storm 成为必然选择。Hadoop 擅长处理离线复杂大数据，Spark 则以其更快的离线处理能力著称，而 Storm 则专注于在线实时数据处理，三者共同构成了当前大数据技术生态体系的核心支柱。

二、分布式计算系统概述

Hadoop、Spark 与 Storm 构成了大规模分布式计算领域的三大基石，均源自 Apache 软件基金会，各自以其独特的设计哲学和技术优势在大数据处理领域占据重要地位。Hadoop 框架通过 HDFS 提供海量数据存储能力，MapReduce 则负责数据处理，其上的 Hive 等工具让不熟悉编程的用户也能利用 SQL 进行离线数据分析。而 HBase 作为列式数据库，弥补了 HDFS 在随机读写方面的不足。Spark 作为新兴之星，以内存计算为核心，实现了远超 Hadoop 的运算速度，同时其生态系统日益完善，旨在通过 Spark SQL、Spark Streaming 等组件覆盖更多应用场景。Storm 则专注于实时数据流处理，直接处理并传递结果，无须额外存储，特别适用于日志分析、实时点击流等场景。

这三大计算引擎虽功能强大，但构建完整的大数据平台还需辅以一系列平台工具，如开发环境、作业调度、数据同步、商务智能模块、数据管理平台及监控报警系统等，它们共同构成了大数据处理与应用的基础设施。正如烹饪美食需要食材、厨具、佐料及厨师团队一样，大数据平台也需整合数据源、计算引擎、加工工具及专业人才，方能高效产出各类数据应用产品，满足多样化的业务需求。此外，面对大规模数据处理挑战，平台还需具备分布式架构的扩展性与稳定性，确保在复杂多变的数据环境中保持高效运行。

三、Hadoop

Hadoop，这一由 Apache 软件基金会精心打造的分布式系统基石，其灵感源于谷歌的 Map/Reduce 编程模型及 Google File System 的卓越设计。简而言之，Hadoop 可视为谷歌这两项技术的开源简化与增强版，它不仅继承了前者的精髓，更在开源社区的推动下不断进化。

Hadoop 的核心价值在于其构建的分布式系统框架，其中最为人称道的是 Hadoop

Distributed File System（HDFS）。HDFS 以其卓越的容错能力著称，专为部署在成本效益显著的 x86 服务器上而设计，确保即使在硬件资源有限的环境下也能提供稳定可靠的数据存储服务。同时，其高传输率特性使得大数据集的应用程序能够高效访问所需数据，满足了现代数据处理对速度与容量的双重需求。

而 MapReduce，作为 Hadoop 的系统中的另一大支柱，是一个专为大规模数据处理量身打造的分布式计算框架。它不仅简化了分布式应用的开发过程，还赋予了用户轻松构建和运行海量数据处理任务的能力。MapReduce 以其高可靠性、高扩展性、高效性、高容错性和高性价比五大优势，成了处理大数据不可或缺的工具，为企业和研究机构在数据挖掘、分析及应用方面提供了强大的技术支持。

（一）拓扑架构

1. HDFS

Hadoop 的 HDFS 架构巧妙地实现了大规模数据的分布式存储与管理。在这个系统中，所有数据均被妥善安置于 HDFS 之上，它由一个核心的管理节点与众多数据节点共同构成，每个节点均为标准的 x86 服务器，确保了系统的灵活性与可扩展性。尽管从用户视角来看，HDFS 的使用体验与单机文件系统别无二致，支持创建目录、文件操作（如创建、复制、删除）及内容查看等功能，但其底层实现机制却独具匠心。

HDFS 通过将大文件细分为多个 Block（通常每个 Block 大小为 64MB），并将这些 Block 智能地分散存储于不同的 DataNode 上，有效利用了集群的存储资源。同时，每个 Block 还会进行多份复制，并存储于不同的 DataNode，以实现数据的容错与冗余保护，确保数据的安全性与可用性。NameNode 作为 HDFS 的心脏，负责维护一系列关键数据结构，这些结构详细记录了文件的 Block 划分情况、Block 的存储位置信息及 DataNode 的实时状态等，为数据的高效访问与管理提供了坚实基础。

正是得益于这样的设计，HDFS 能够轻松应对远超单机存储能力的数据挑战。作为一个高度可扩展的存储平台，HDFS 能够轻松地将海量数据分发至成千上万的分布式节点及低成本服务器上，利用这些硬件资源的并行处理能力，共同高效完成复杂的数据处理任务，展现了其在大数据时代的独特价值与优势。

2. 分布式计算框架（MapReduce）

MapReduce 通过其独特的分布式处理机制，确保了数据操作在大规模数据集上的可靠执行。这一框架巧妙地将复杂任务分解为众多小任务，并将这些任务分发至网络中的各个节点，利用并行计算的力量加速处理过程。每个节点独立处理分配到的数据片段，从而实现了计算资源的高效利用和数据处理速度的显著提升。

Hadoop 作为支撑这一切的分布式系统平台，其核心价值在于提供了构建高效、稳定分布式系统的坚实基础。Hadoop 的分布式特性主要体现在两个方面：首先，是分布式文件系统 HDFS 的引入，它负责海量数据的可靠存储与高效访问；其次，是 MapReduce

分布式计算框架的应用，这一编程模型不仅简化了大规模数据处理任务的编程复杂度，还通过并行处理大幅提升了计算效率。两者相辅相成，共同构成了 Hadoop 平台的核心竞争力，使得用户能够轻松地在该平台上进行复杂的分布式计算编程，满足各种大数据处理需求。

3. 基于 Hadoop 的应用生态系统

Hadoop 框架构建了一个全面而强大的生态系统，其核心组件包括 Hadoop 内核、MapReduce 编程模型、HDFS 分布式文件系统，以及资源管理系统 Hadoop YARN。这一生态系统还广泛集成了众多其他组件，如 NoSQL 数据库 HBase、数据仓库工具 Hive、Pig 这一数据流处理语言、机器学习算法库 Mahout、分布式协调服务 ZooKeeper、内存计算引擎 Spark 及数据采集工具 Flume 和 Kafka 等。这一丰富的生态为用户提供了在 Hadoop 平台上开发、部署各类大数据应用程序的无限可能。

特别地，HBase 作为 Hadoop Database，以其高可靠性、高性能、面向列的存储特性及良好的伸缩性，在大数据存储领域占据重要地位。作为 Google Bigtable 的开源实现，HBase 巧妙地利用了 Hadoop HDFS 作为其底层的文件存储系统，确保了数据的高可用性和可扩展性。同时，通过集成 Hadoop MapReduce，HBase 能够高效地处理存储在其中的海量数据。在协同服务方面，HBase 则选用了 ZooKeeper 来替代 Google Bigtable 中的 Chubby，为系统提供了稳定的服务和故障转移机制。

在 Hadoop 应用生态系统的架构中，HBase 被明确置于结构化存储层，其背后有 HDFS 提供的可靠存储支撑，MapReduce 提供的强大计算能力，以及 ZooKeeper 提供的稳定服务保障。此外，Pig 和 Hive 等高层语言工具的引入，进一步简化了在 HBase 上进行数据统计分析的过程。而 Sqoop 等工具则为用户提供了便捷的数据迁移方案，使得将传统 RDBMS 中的数据导入 HBase 变得轻松高效。

（二）行业应用

综上所述，数据处理范式正经历深刻变革，从传统的逐事务从多源系统拉取数据模式，转变为源系统自动将数据推送至 HDFS，再由 ETL 引擎处理并保存结果。这一转变不仅优化了数据处理流程，还使得处理结果既可直接在 Hadoop 平台上被深入分析，也可无缝对接至传统报表与分析工具中。实践证明，采用 Hadoop 处理结构化数据能够大幅降低成本，并显著提升约 4 倍的处理速度。在金融领域，Hadoop 展现出尤为突出的应用价值：

内容管理平台：Hadoop 以其卓越的海量低价值密度数据存储能力，支持结构化、半结构化及非结构化数据的全面整合与管理，为金融行业的内容管理提供了前所未有的灵活性和效率。

风险管理与反洗钱系统：在风险管理及反洗钱等关键领域，Hadoop 成为构建高效海量数据查询与分析系统的理想选择。无论是用户交易记录的快速检索，还是复杂的离线分析任务，Hadoop 都能游刃有余地应对，为金融机构的风险防控提供强有力的数据支持。

用户行为分析与精准营销：借助 Hadoop 强大的数据分析能力，金融机构能够深入洞察用户行为模式，为组合式推销与精准广告推送提供精准的数据支撑。例如，通过分析用户位置变化等实时数据，实现个性化广告的精准投放，有效提升营销效果与客户体验。

四、Spark

随着大数据时代的深入发展，数据处理需求日益多样化，传统的 MapReduce 批处理框架虽擅长离线计算，却难以胜任实时性要求严苛的场景，如实时推荐系统、用户行为分析等。为此，Hadoop 生态体系内孕育出了 Spark 这一革命性的计算框架。Spark，源自加州大学伯克利分校 AMPLabs 的开源贡献，以其内存计算为核心优势，不仅显著提升了处理速度，还简化了开发流程，展现了批处理与实时数据分析的双重能力。

Spark 的卓越性能源自其内存优先的设计哲学，相比 MapReduce，Spark 能够直接在内存中缓存作业中间结果，避免了频繁的磁盘 I/O 操作，从而在处理大规模数据集时展现出惊人的效率，如排序 100TB 数据仅需约 20 分钟，性能提升高达百倍。然而，这种内存密集型的处理方式也对硬件提出了更高要求，通常每个节点需配备 24GB 以上内存。

在容错性方面，Spark 创新性地引入了弹性分布式数据集模型，通过记录重建分区所需的信息，实现了无须数据复制即可恢复丢失数据的能力，进一步降低了磁盘访问负担，并促进了流水线式数据处理流程的优化。

Spark 的灵活性体现在其广泛的集成能力上，它不仅可独立运行，也支持与 Hadoop YARN、Mesos 等多种集群管理器及 HDFS、Cassandra 等存储系统无缝对接。同时，Spark 支持多语言编程（Scala、Java、Python），特别是与 Scala 的紧密集成，为用户提供了丰富的开发选择。此外，Spark 还集成了 Hadoop 生态中的多种数据格式与 NoSQL 数据库，并通过 Spark Streaming、Spark SQL 等组件实现了对流式数据、SQL 查询及机器学习的全面支持。

作为构建低延迟数据分析应用的理想平台，Spark 的生态系统中包含了 Spark SQL、Spark Streaming、MLlib 及 GraphX 等强大库，其中 Spark SQL 与 Spark Streaming 尤为受用户青睐。值得注意的是，Spark 还能作为 Hive 的底层执行引擎，这进一步拓宽了其应用场景。然而，尽管 Spark 被视为 Hadoop 的潜在继承者，其内在的复杂性、批处理能力与特定功能（如统计分析）上的局限性，仍是开发者需面对的挑战。

五、Storm

Storm 是 Twitter 支持开发的一款分布式的、开源的、实时的、主从式的大数据流式计算系统，使用的协议为 Eclipse Public License 1.0，其核心部分使用高效流式计算的函数式语言 Clojure 编写，极大地提高了系统性能。但为了方便用户使用，其支持用户使用任意编程语言进行项目的开发。

（一）任务拓扑

任务拓扑作为 Storm 的核心逻辑组件，构成了实时应用程序的基本构建块。在 Storm 环境中，计算任务被封装成任务拓扑的形式进行部署与运行，除非明确执行停止操作，否则任务拓扑将持续运作。这一拓扑结构本质上是一个由 Spout 和 Bolt 节点组成的有向无环图，各节点间通过数据流紧密相连，实现了数据在系统中的高效流转。

具体而言，Spout 组件扮演着数据入口的角色，负责不间断地从外部数据源捕获数据，并将这些数据封装成元组的形式，随后根据预设规则将元组分发给下游的 Bolt 处理。Bolt 则是处理逻辑的核心，它接收来自 Spout 或其他 Bolt 的数据流，执行诸如过滤、聚合、查询等多样化的数据处理任务。Bolt 之间支持级联操作，同时也能够向外部输出处理结果，从而构建起复杂的数据处理流程。

数据流作为 Storm 框架中对数据处理过程的抽象表示，被定义为一个时间上无限延伸的元组序列。为了优化数据流在任务拓扑中的传输效率与灵活性，Storm 引入了流分组机制，通过不同的分组策略来指导数据流的流向与分配方式。

值得一提的是，Storm 还提供了事务任务拓扑的高级特性，旨在确保每一条消息在系统中都能被准确无误地处理且仅处理一次。这一特性对于维护数据一致性、提升系统可靠性至关重要，尤其适用于对数据处理精确性有极高要求的应用场景。

（二）总体架构

Storm 采用主从系统架构，在一个 Storm 系统中有两类节点（一个主节点 Nimbus、多个从节点 Supervisor）及三种运行环境（Master、Cluster 和 Slaves）。

1. 主节点 Nimbus 运行

在 Master（Nimbus）的架构角色中，它被设计为无状态的存在，专注于全局资源的优化配置、任务的精确调度、系统状态的全面监控及故障的快速检测与响应。具体而言，Master 节点首先作为任务接收的中心点，从客户端那里接纳并验证提交的任务，随后根据任务需求智能地将这些任务分配至从节点上执行。同时，为了确保任务信息的持久化和可访问性，Nimbus 会将任务的元数据信息安全地写入 ZooKeeper 的特定目录中。

此外，Master 节点还承担着实时监控的重任，它通过 ZooKeeper 这一分布式协调服务，持续追踪和评估各任务的执行状态，确保一切按照预定计划顺利进行。一旦检测到系统故障，如从节点 Supervisor 或工作进程 Worker 的意外终止，Nimbus 会立即启动故障恢复机制，包括但不限于自动重启失败的 Supervisor 实例及相关的 Worker 进程，以最小化服务中断，保障系统的高可用性和稳定性。这一系列机制共同构成了 Master 节点在分布式系统中不可或缺的核心职能。

2. 从节点 Supervisor 运行

在 Slaves 环境中，各节点同样遵循无状态原则，它们的核心职责是监听并响应来自 Master 节点的任务分配指令，灵活地启动或停止管理下的工作进程。这些 Worker 进程是任务执行的具体载体，它们协同工作，确保复杂任务拓扑的有效实施。每个 Worker 聚焦于任务拓扑的一个子集，通过其内部的多个 Executor 并发处理，每个 Executor映射到一个线程，实现了高效的任务并行化。而 Task 则直接承载着数据的计算任务，即用户自定义的 Spout/Bolt 逻辑。值得注意的是，由于 Executor 与 Task 之间的映射关系，Executor 的数量通常不会超过 Task 的数量，这种设计优化了资源利用，确保了执行效率。

ZooKeeper 作为 Storm 系统背后的强大支撑，扮演着分布式协调服务与元数据中心的双重角色。它通过构建高可靠的 ZooKeeper 集群，为 Storm 系统注入了稳定性与灵活性。在 Storm 的架构中，ZooKeeper 不仅负责存储客户端提交的任务拓扑详情、任务分配策略及执行状态等关键信息，助力 Nimbus 实现精细的任务监控；还记录着 Slaves 原节点（Supervisor）与工作进程的实时状态与心跳数据，确保 Nimbus 能够全面掌握集群的健康状况。此外，ZooKeeper 还维护着整个集群的广泛状态信息与配置细节，即便在主 ZooKeeper 节点遭遇故障时，也能迅速选举新节点接替，保证服务的不间断运行。这一系列功能的实现，极大地简化了 Storm 系统的设计与运维复杂度，提升了系统的整体性能和可靠性。

（三）系统特征

Storm 系统以其独特的设计理念和强大的功能特性，在实时大数据处理领域脱颖而出。其核心优势如下。

简化的编程模型：Storm 简化了实时计算任务的开发流程，用户仅需专注于 Spout 和 Bolt 组件的实现，无须深入底层细节，从而显著降低了流式计算的复杂性。

多语言支持：系统原生支持 Clojure、Java、Ruby 和 Python 等多种编程语言，赋予了开发者广泛的选择空间。同时，通过扩展协议，Storm 还能轻松集成更多新兴语言，满足多样化的编程需求。

强大的作业级容错能力：Storm 确保了每个数据流作业都能被准确无误地执行完毕，即便在面临故障或异常时，也能通过其内置的容错机制迅速恢复，保障数据处理的连续性和完整性。

灵活的水平扩展性：Storm 支持计算资源在多个线程、进程乃至跨服务器之间的动态分配与并行处理，这使得系统能够轻松应对日益增长的数据处理需求，实现高性能的实时计算。

高效的消息处理能力：依托 ZeroMQ 作为底层消息队列，Storm 实现了消息的高速传递与快速计算，确保了数据流处理的实时性和响应速度。

然而，Storm 系统并非完美无缺，其不足之处主要体现在资源分配和任务容错两个方面。具体而言，Storm 在资源分配时未能充分考虑任务拓扑的结构特性，导致资源利用效率不高，难以灵活应对数据负载的动态变化。此外，其采用的集中式作业级容错机制虽然在一定程度上保障了作业的可靠性，但也限制了系统的横向扩展能力，成了制约 Storm 进一步发展的瓶颈之一。

六、Kafka 系统

Kafka，这款由 LinkedIn 鼎力支持的开源消息系统，以其分布式架构和高吞吐量著称，专为处理互联网中海量的流式数据而生，包括但不限于网站访问量、用户行为分析、社交动态等。采用 Scala 编写，同时兼容 Java 开发，Kafka 在设计之初便紧密围绕一系列核心需求特征展开。

首先，消息持久化被视为基本需求，确保数据即便在系统故障时也能安全无虞。其次，系统追求极致的吞吐量，力求满足互联网环境下每秒处理数十万条消息的高性能要求。再次，Kafka 将消息的状态管理责任转移至订阅者端，即消费者服务器负责存储消息状态，这一设计减轻了代理的负担，提升了系统的灵活性和可扩展性。

为实现上述目标，Kafka 构建了以下关键特性：其一，实现了磁盘上的消息持久化操作，其支持太字节级别的数据存储，确保了数据的长期可访问性。其二，通过优化内部机制，Kafka 达到了高吞吐量处理水平，能够轻松应对大规模消息流。其三，支持在服务器集群中高效地进行消息分片与序列管理，促进了资源的均衡分配与高效利用。最后，Kafka 与 Hadoop 系统深度集成，允许用户无缝地将数据并行加载至 Hadoop 集群，进一步拓宽了数据处理与分析的边界。

（一）系统架构

Kafka 消息系统的精妙设计体现在其显式分布式架构之上，这一架构巧妙地融合了发布者、代理与订阅者三大核心组件，各组件分布于独立的节点，共同编织成一个逻辑严密、功能完备的服务网络。在此架构中，消息作为数据流通的媒介，无缝连接着各个部分，驱动着信息的传递与处理。发布者作为信息的源头，能够针对特定主题推送富含价值的数据消息；而订阅者则以组为单位灵活集结，精准捕捉并消费各自感兴趣的消息流。为了保障这一复杂系统的高效稳定运行，Kafka 巧妙地引入了 ZooKeeper 作为全局状态管理与负载均衡的基石，它不仅负责监控并维护订阅者与代理的状态信息，还通过智能调度确保资源的最优分配，为 Kafka 消息系统的可靠性与扩展性奠定了坚实基础。

（二）数据存储

Kafka 消息系统凭借其独特的数据持久化机制——仅通过数据追加的方式写入磁盘，不仅确保了大数据环境下的稳定存储，还显著提升了系统的整体计算能力。这一设计使得 Kafka 即便在应对海量数据时也能游刃有余。进一步地，Kafka 通过引入 Sendfile 系统调用，优化了网络传输过程，极大地提高了系统的吞吐量，即便是在普通硬件配置下，其也能轻松支持每秒处理数十万条消息的高负载需求。

更为巧妙的是，Kafka 在处理订阅者数据时，仅保留已计算数据的偏量信息，这一策略不仅有效节省了宝贵的存储空间，还简化了系统的数据处理逻辑，使得计算过程更加高效。同时，这种设计也为系统的故障恢复提供了便利，因为在系统重启或故障转移时，仅需根据偏量信息即可快速定位到每个订阅者的处理进度，从而迅速恢复服务，减少中断时间。

（三）消息传输

Kafka 消息系统巧妙地融合了推送与拉取两种消息传输机制，实现了高效灵活的数据流动。具体而言，当发布者有消息需要传递时，它会主动采取推送的方式，将消息直接送达相关的代理节点，确保了消息的即时性和准确性。而对于订阅者而言，当其需要访问或消费数据时，则会采取拉取的方式，主动从代理节点中获取自己感兴趣的主题消息。这种推拉结合的模式，不仅赋予了发布者主动发送消息的能力，也保障了订阅者按需获取数据的灵活性，共同促进了 Kafka 消息系统中信息的顺畅流通与高效处理。

（四）负载均衡

在 Kafka 消息系统的设计架构中，虽然发布者与代理节点之间不直接内置负载均衡机制，但可以通过部署专门的第四层（L4）负载均衡器来灵活调整 Kafka 代理上的 TCP 连接分配，从而实现对代理层的高效负载均衡。另外，订阅者与代理节点之间的负载均衡则巧妙地借助 Zookeeper 来实现。Zookeeper 作为协调中心，负责维护所有活跃订阅者及代理节点的实时状态信息。当系统中订阅者或代理节点的状态发生变动时，Zookeeper 能够即时感知并触发负载均衡的调整机制，确保整个 Kafka 消息系统保持在一个优化的均衡状态，有效应对动态变化，保障系统的高可用性和性能稳定。

（五）存在的不足

Kafka 消息系统在提供高效、可扩展的数据流处理能力的同时，也面临着一些不容忽视的局限性。首先，Kafka 仅支持有限程度的容错机制，当系统中节点失效并发生转移时，原节点内存中所存储的状态信息可能会随之丢失，这在一定程度上影响了系统的数据一致性和恢复能力。其次，Kafka 的代理节点缺乏副本机制的保护，这意味着一旦某个代理节点遭遇故障，存储在该节点上的数据将无法访问，从而可能导致数据服务的中断。此外，Kafka 的设计中并未在代理节点上保存订阅者的状态信息，这一缺失使得系统在删除消息时无法准确判断该消息是否已被订阅者阅读，进而可能影响到消息传递的准确性和可靠性。这些不足之处是 Kafka 系统在未来版本中需要重点关注并寻求改进的方向。

第三节　大数据安全问题

一、安全问题

在当今大数据技术日新月异的背景下，数据安全已跃升为亟待解决的重大挑战。数据，这一新时代的“石油”与“黄金”，正逐步奠定其作为企业及国家核心资产的地位，成为驱动创新的核心引擎，并扮演着国家战略资源的重要角色。其价值的急剧攀升，自然吸引了不法分子的贪婪目光，他们不仅直接窃取数据进行非法交易，还依托复杂的数据分析技术实施精准诈骗，甚至对数据实施加密勒索，这严重威胁到个人隐私与信息安全。

面对这一严峻形势，数据安全议题在全球范围内引发了从政府到普通民众各界的深切关注。然而，在强化数据安全的同时，一个不容忽视的现象——“数据恐慌”正悄然蔓延。这种恐慌表现为对数据采集与使用的过度限制乃至禁绝，而非通过提升数据保护能力来根本性改善安全状况。若任由这一趋势发展，我们不仅可能促使法律法规、政策标准过度束缚数字经济的成长步伐，还可能削弱公众对新经济模式的信任，阻碍创新创业的蓬勃发展，最终对数字经济的整体繁荣构成深远的不利影响。

事实上，数据的流通与共享才是推动产业协同、优化资源配置、激发生产力的关键所在。大数据时代的核心，正是围绕数据的采集、存储、应用与共享展开的。在这个以数据为驱动的经济体系中，构建以数据为中心的安全能力显得尤为迫切与重要。因此，我们需要在保障数据安全与促进数据流通之间寻找平衡，既要防范数据滥用与泄露的风险，也要确保数据能够自由流动，以充分发挥其对于经济社会发展的巨大潜力。

（一）数据无处不在

随着信息技术的蓬勃发展，各组织机构正经历着深刻的数字化转型，其业务运作日益数据化，数据已成为支撑组织运营、驱动经营分析与决策、助力新产品研发及促进外部合作不可或缺的基石。这一变革打破了传统管理界限，使得数据的使用权不再局限于管理者阶层，而是广泛渗透至组织的每一个角落，从高层管理者到一线业务岗位人员，均深度参与到数据的运用之中。数据，这一曾经的稀缺资源，现已成为组织中每一位成员共同享有的宝贵财富，共同推动着组织向更加智能化、高效化的方向迈进。

（二）系统、组织数据边界模糊

在当今组织内部，核心业务系统、内部办公系统及外部协同系统已彻底摒弃了传统的直线结构框架，转而构建成一个高度互联互通的网状生态系统。这一转变使得数据共享达到了前所未有的最大化程度，系统间通过众多数据接口紧密相连，形成错综复杂的网络。每个系统在此生态中既是独立的个体，又是相互依存的伙伴，它们互为上下游，彼此交织，共同构成了一个动态平衡的整体。这种网状分布的系统架构不仅增强了系统间的协同效应，还极大地促进了数据的自由流通与高效利用，为组织间的协同发展注入了强劲动力。

（三）数据关联、集合更容易

大数据技术的日益普及与深化应用，极大地简化了数据采集与使用的流程，使得数据获取变得前所未有的便捷。与此同时，数据的种类也实现了前所未有的丰富多样，涵盖了从结构化到非结构化、从静态到动态等多种形态，这为数据分析提供了更为广阔的视野。此外，随着数据运算能力的显著提升，数据之间的关联与聚合操作变得高效而精准，我们能够在更短的时间内挖掘出数据背后的深层价值与规律，为决策制定与业务创新提供了强有力的支持。

（四）数据流动、处理更实时

实时数据处理技术的发展使得数据的流动和处理更加实时，这在提升效率的同时也加剧了安全的挑战。

（五）海量数据加密

随着数据量的持续激增，敏感信息的积累也达到了前所未有的规模，这对数据保护提出了更为严峻的挑战。传统的数据加密手段，在面对如此庞大的数据量时，其防护效果逐渐显现疲态，难以全面保障数据的安全性与隐私性。因此，如何在确保数据灵活应用的同时，实现高效且可靠的数据保护，已成为当前亟待解决的关键问题。这要求我们在不断探索新型加密技术与防护策略的同时，还需加强数据管理的规范性与严谨性，以构建更加稳固的数据安全防线。

（六）数据的交换、交易

数据作为新时代的核心生产资料，其内在价值正日益受到社会各界的广泛认可与高度重视。随着这一趋势的深化，专注于数据交换与交易的市场也应运而生，这为数据的流通与价值实现搭建了重要平台。然而，如何在这一新兴市场中确保交易行为的安全性，防止数据泄露、滥用等风险的发生，进而有效维护国家、组织及个人的合法权益，已成为我们当前面临的一项重大挑战。这需要我们不断探索创新的数据安全保护机制，加强法律法规的制定与执行力度，以及提升全社会的数据安全意识与防范能力。

（七）数据所有者和权利不断转换

在当前的数据生态体系中，主要参与者包括数据主体、数据生产者、数据提供者、数据管理者、数据加工者及数据消费者，这些角色共同构成了数据流转与价值创造的复杂网络。随着数据使用权的频繁转换，数据在不同主体间的流动变得日益频繁且复杂。然而，数据的所有权归属及相关权利的明确界定，至今仍是一个悬而未决的问题，这在一定程度上制约了数据市场的健康发展与数据价值的最大化利用。因此，如何建立清晰、合理的数据权属制度，平衡各方利益，成为当前亟待解决的重要课题。

二、大数据安全需求

大数据的涌现极大地加剧了数据分析与管理的复杂性，据统计，近三年来全球生成的数据量已超越过去四百年的总和，且这些数据形态多样，涵盖文档、图像、视频、网页、电子邮件及社交媒体内容等，其中非结构化数据占据了八成。这一数据爆炸性增长趋势不仅凸显了数据安全和隐私保护的紧迫性，还使传统保护手段显得力不从心，为黑客提供了更多隐蔽的犯罪途径，而现有法律与滞后的技术更难以有效应对。因此，在大数据背景下，确保数据安全与隐私成了一项重大挑战。

为应对这一挑战，企业正积极探索将业务数据与安全需求深度融合的路径，通过深度挖掘与分析业务数据，实现对网络安全态势的精准感知与业务趋势的提前预判，这对于提升企业的安全防护能力具有划时代意义。同时，部分企业已开始采用先进的安全管理工具，如 UniNAC 网络准入控制及 UniAccess 终端安全管理系统，以加强对网络异常行为的监测与响应能力。

随着大数据价值的日益凸显，社会各界对大数据安全的关注持续升温，科研机构、政府机构、企业及安全服务提供商等正携手推进大数据安全标准的制定与技术创新，旨在构建更为坚固的安全防线，为大数据的广泛应用提供坚实保障。在此过程中，深入理解各领域的大数据安全需求，精准把握大数据环境下的安全特征与问题，是制定有效安全策略、推动大数据健康发展的前提与基础。

（一）互联网行业

互联网企业在深度应用大数据的征途中，面临着前所未有的数据安全与用户隐私保护挑战。随着电子商务的蓬勃发展和移动互联的普及，企业面临的网络攻击变得更为隐蔽且手段多样，尤其是高级持续性威胁攻击，其目标已远超简单的服务中断，而是直指数据本身的完整性与机密性。在此背景下，确保数据免遭损坏、篡改、泄露或非法窃取，成为互联网企业的一项艰巨任务。

同时，用户隐私与商业机密的保护难题在于其跨领域的技术复杂性和法律模糊性。鲜有专家能全面融合法律知识与专业技术，精准量化因隐私泄露或商业机密被窃所引发的损失，更难以清晰界定侵权行为的背后动机——个人恶意还是企业逐利。因此，互联网企业对于大数据安全的需求愈发迫切，包括构建可靠的数据存储体系、实现安全的挖掘分析流程、强化严格的运营监管机制。此外，行业内外均迫切呼唤更加明确、细化的用户隐私保护标准、法律法规及行业自律规范，以在保障用户权益的同时，助力企业从浩瀚的数据海洋中合理、合法地挖掘商业价值与机遇。

（二）电信行业

随着数据量的急剧增长，运营商在推动数据对外应用与开放的过程中，遭遇了数据保密性、用户隐私保护及商业合作边界界定等多重挑战。为了充分挖掘数据潜力，运营商需依托先进的企业平台、系统工具，实现数据的精细化建模与价值评估。鉴于数据广泛分布于复杂多样的系统之中，运营商必须实施高效的数据收集与分析策略，以确保数据的完整无损与安全可靠。

在对外合作领域，运营商须具备将外部业务需求精准转化为内部数据需求的能力，并构建完善的数据访问控制体系，以规范外部访问行为。尤为关键的是，运营商在追求大数据应用创新的同时，必须高度重视用户隐私与企业核心数据的安全防护，防止敏感信息泄露，这是其开展大数据业务的基石。综上所述，电信运营商的大数据安全需求聚焦于核心数据与资源的全方位保护（保密性、完整性和可用性），以及在充分尊重用户权益、优化用户体验、严格保障隐私的前提下，最大化地释放数据价值。

（三）金融行业

金融行业的系统架构错综复杂，关联紧密，服务对象广泛，这使得其面临的安全挑战多维度且严苛，尤其强调信息的可靠性与加密保护的高标准。加之金融行业对网络环境的极高依赖性，其要求系统不仅具备高速数据处理能力，还需融入冗余备份与容错机制，确保业务连续性，同时需展现出卓越的管理效能与灵活性，以灵活应对多变的业务需求。

尽管金融行业在数据安全领域的投入与技术革新持续不断，但业务链条的延伸、云计算技术的广泛应用、系统内部复杂性的加剧，以及数据不当使用的风险，均对大数据安全构成了新的威胁。在此背景下，金融行业的大数据安全需求愈发迫切，它要求建立全面的数据访问控制体系，优化数据处理算法的安全性，强化网络安全防护，实施精细化的数据管理与应用策略。这些措施，旨在利用大数据安全技术巩固金融机构的内部控制体系，提升金融监管的效能与服务质量，从而有效预防并化解潜在的金融风险。

（四）医疗行业

随着医疗领域数据量的迅猛增长，数据存储的安全性与可靠性成了维系医院业务连续性的关键要素。任何系统故障的发生，都将直接考验医院在数据保护、设备冗余及快速恢复方面的能力。若数据恢复不迅速或无法精准至故障前的状态，将对医院运营、患者满意度造成直接且深远的影响。

此外，医疗数据的隐私性特质尤为显著，多数数据持有者出于保护患者隐私的考虑，不愿轻易将数据对外共享，加之数据处理技术的局限，往往导致宝贵的医疗数据资源未能得到充分利用，造成资源浪费。鉴于此，医疗行业对于大数据安全的需求尤为迫切，其核心在于确保数据隐私性高于一切，同时追求高度的安全性和机密性。在此基础上，建立安全可靠的数据存储体系，完善数据备份与管理机制，旨在助力医疗机构精准诊断疾病、加速药物研发进程、优化管理决策、提升服务质量，进而增强患者满意度，减少患者流失，推动医疗行业全面健康发展。

（五）政府组织

大数据分析在维护国家网络安全方面的巨大潜力，已引起全球政府组织的广泛关注。它不仅能够提供强大的数据分析能力，还能在保障数据安全方面发挥关键作用。美国政府机构正积极利用大数据技术挖掘高价值情报，加速决策过程，并显著增强了国家安全防御能力。

面对大数据时代的挑战，政府组织对大数据安全的需求日益多样化，涵盖隐私保护的安全监管体系构建、网络环境安全态势的实时感知、统一大数据安全标准的制定与推广，以及安全管理机制的规范化与强化。这一系列需求反映了大数据安全保护工作的复杂性与系统性，要求我们从数据采集、整合、提炼到挖掘、分析、态势判断、安全检测直至威胁发现的每一个环节，都需构建严密的防护网，以有效应对数据丢失、泄露、越权访问、篡改等风险，确保用户隐私与企业机密的绝对安全。这一过程促使大数据安全领域形成了一个全新的、闭环式的保护链条，为各领域的安全防护提供了更加全面和深入的解决方案。

三、大数据安全的特征

（一）移动数据安全面临高压力

随着社交媒体、电子商务及物联网等新兴技术的蓬勃发展，企业传统的价值链模式正经历深刻变革，仅局限于内部价值链数据的分析已难以满足市场需求。大数据战略的实施成为关键，它要求企业跨越数据边界，构建一个涵盖全面运营及外部环境的综合视图，以洞察市场趋势与业务机遇。

然而，这一转型也伴随着严峻的移动数据安全挑战。数据价值的显著提升促使更多敏感信息在移动设备间频繁流动，这为恶意软件提供了可乘之机。这些恶意软件不仅具备数据窃取与监控能力，还能追踪用户位置，严重威胁个人隐私与企业安全，使得安全事件的风险等级不断攀升。

面对移动设备与平台安全威胁的急剧增长，移动大数据安全领域亟须解决的核心问题在于：如何有效追踪并分析移动恶意软件样本及其背后的操纵者，深入剖析样本间的关联与演变，从而制定针对性的防护策略，确保数据安全与隐私保护不受侵害。

（二）网络化社会使大数据易成为攻击目标

在网络空间这一无垠的疆域中，大数据以其庞大的体量和潜在价值成了黑客眼中的“显眼包”。一方面，网络访问的便捷化促进了数据流的涌动，为资源的即时调配与个性化服务铺设了基石。然而，正是这份暴露性，让大数据如同磁石般吸引着不法分子的目光，成为他们觊觎的目标。

另一方面，开放的网络环境赋予了大数据无限的互联与共享能力，数据间错综复杂的关联性使得黑客一旦得手，便能以极低的成本获取远超预期的丰富信息，从而显著提升其攻击效率与收益。例如，黑客能够巧妙利用大数据构建庞大的傀儡网络，轻易驾驭百万级设备发起毁灭性攻击；或是深入挖掘大数据宝藏，收集海量有价值的情报信息，以满足其不法企图。

（三）用户隐私保护成为难题

大数据的集中汇聚无疑加剧了用户隐私泄露的隐忧。数据洪流中潜藏着丰富的个人信息，这使得大数据的开发与利用极易触及公民隐私的边界，降低了恶意窥探与滥用隐私的技术难度。尤其是在大数据的动态环境下，数据的属性与表现形式瞬息万变，这对传统依赖静态数据集进行隐私保护的技术构成了严峻挑战。不同领域对隐私保护的需求各具特色，数据间错综复杂的关联性与敏感性更是增加了保护的复杂性。然而，现有的隐私保护模型和算法多聚焦于传统的关系型数据，难以直接套用于大数据的广阔场景中，这进一步凸显了大数据隐私保护的紧迫性与特殊性。

（四）海量数据的安全存储问题

随着数据量的爆炸性增长，包括结构化数据和非结构化数据，现有的存储系统面临前所未有的压力。特别是非结构化数据，占据数据总量的绝大部分，其存储、管理和处理成了大数据应用的关键。NoSQL 技术因其易扩展性、高可用性和卓越的性能，成了处理非结构化数据的首选。然而，NoSQL 技术并非完美无缺，它在访问控制、隐私管理、技术成熟度、安全验证及数据保密等方面仍面临诸多挑战。

与此同时，结构化数据的安全防护同样不容忽视。物理故障、人为错误、软件缺陷、恶意软件（如病毒、木马）及黑客攻击等，都是可能威胁结构化数据安全性的重要因素。这些因素不仅可能导致数据丢失或损坏，还可能引发数据泄露等严重后果。

因此，大数据的存储系统架构和安全防护面临着多重挑战。如何有效应对存储容量限制、延迟问题、高并发访问需求及日益严峻的安全威胁，成了当前大数据领域亟待解决的问题。在构建大数据存储系统时，我们必须综合考虑这些因素，设计出既高效又安全的系统架构，以确保大数据的顺利应用和发展。

（五）大数据生命周期变化促使数据安全进化

传统数据安全策略通常紧密围绕数据的全生命周期展开，涵盖数据的生成、存储、利用直至销毁的全过程。然而，随着大数据技术的广泛应用，数据权属与管理职责逐渐分离，传统生命周期模型悄然演化为数据的产生、高效传输、灵活存储与多元利用的新格局。面对大数据无界扩展的特性及其生命周期中的瞬时性变化，传统安全产品亟需适应数据存储与处理的动态化、并行化新趋势，实现数据边界的动态追踪与管理，并精细化监控数据操作行为，以确保在大数据环境下仍能有效保障数据安全。

（六）大数据的信任安全问题

大数据的成功不仅仅在于其技术上的突破和应用上的广泛，更在于它能够赢得人们的信任。这种信任，既包含对他人数据的可靠性的信赖，也涵盖了对自身数据被妥善、公正使用的信心。然而，现实中诸如工资、CPI、房价、失业率等统计数据的“被调整”现象，以及国家与地方 GDP 数据的不一致，都严重削弱了公众对统计数据的信任。

建立对大数据的信任，不仅仅是对数据本身的信任，更是对数据背后分析结果的信任。但这一过程并非易事，因为证明大数据的价值和洞察力往往比完成一个具体项目更为复杂和困难。因此，构建一个安全、可信的大数据环境，需要政府、企业和个人等多方面的共同努力。

大数据的安全问题具有其独特性，与传统关系型数据相比，大数据在体量、结构、处理速度、价值密度及存储、查询、分析等方面都存在显著差异。大数据的分布式特性使得单个数据或系统的价值相对降低，但同时也为攻击者提供了更多的潜在入口。在大数据环境下，完全的去中心化难以实现，而低密度价值的提炼过程又成了攻击者关注的焦点。

面对这些挑战，传统的安全技术和产品往往显得力不从心。它们可能无法适应大数据的规模和特性，导致安全控制或配套操作无法正常运行。此外，随着大数据的开放和交叉使用，用户隐私保护成了一个亟待解决的问题。

为解决大数据自身的安全问题，我们需要重新设计和构建大数据安全架构和开放数据服务。这包括从网络安全、数据安全、灾难备份、安全风险管理、安全运营管理、安全事件管理、安全治理等多个维度出发，提出全面的安全解决方案。只有这样，我们才能确保大数据在计算过程、数据形态和应用价值上的安全性，从而进一步巩固公众对大数据的信任。

随后我们将从以下三个方面探讨大数据安全问题。

1. 大数据信息安全风险因素的识别

为深入探究大数据信息安全的风险因素识别策略，我们需系统分析大数据在传播、挖掘过程中的多维度风险，涵盖政策导向、制度框架、技术漏洞、隐私侵犯及法律合规等关键领域。在此基础上，我们构建基于数据追溯的风险识别机制，旨在精确识别数据与关联资产，为大数据的流通与使用过程赋予部分可控性与可追溯性。进一步地，我们聚焦于这些关联数据与资产，开发威胁识别方法及潜在风险评估模型，以实现不确定威胁的动态监测与量化评估，确保大数据环境下的安全风险得到全面、有效的管理与应对。

2. 大数据安全策略研究

在探索以数据为核心的大数据风险评估框架时，我们创新性地将各类异源大数据视为独立的资产单元进行精细化建模。这一模型不仅考量了数据本身的规模、多维度特性、广泛传播范围、用户基数及内容间的关联紧密程度，以全面刻画其价值。我们还深入剖析了数据内容的敏感属性、属性间的关联性及隐私保护的复合约束，以揭示其潜在的脆弱性和面临的威胁全貌。

为进一步增强评估的深度与广度，我们深入研究了数据源与数据使用者之间错综复杂的直接与间接信任网络，以及这种信任如何在数据流转过程中被传递与影响，从而构建了大数据可信度的量化计算模型。此模型不仅促进了数据生态中信任机制的透明度与可度量性，还为风险评估提供了坚实的信任基础。

为了提升风险评估的精准度与科学性，我们巧妙融合了模糊数学理论与知识发现技术。这些先进理论与方法的应用，使我们能够更为细致地分析风险事件的发生概率及其可能造成的广泛影响，进而精准界定各风险因素的风险级别。最终，通过综合考量所有相关因素，我们实现了对大数据环境整体风险水平的全面、客观评估，为数据安全管理策略的制定提供了强有力的决策支持。

3. 大数据信息安全的法律法规建设

针对大数据系统的安全挑战，本部分致力于探索安全预警、精准决策与高效应急处置的一体化机制。首先，明确安全预警的触发条件与决策启动流程，我们确保在潜在威胁初现时即能迅速响应。其次，我们构建数据共享安全及应急处置的整体框架，融合方案调控策略，特别是引入多属性群体决策方法，以应对复杂多变的应急场景。在此基础上，建立大数据安全风险控制的问题求解框架，利用效用指标与多目标优化模型评估应急方案，为决策提供科学依据。最后，本部分还深入剖析大数据生命周期中的隐私保护法律议题，横跨民法、经济法、刑法及行政法等多个法律维度，提出全面且具体的法律建议与对策，以期在法律层面为大数据的安全应用保驾护航。

四、数据安全实现与方法

（一）设立组织

为确保数据安全政策的坚实落地，企业应构建以专职数据安全团队为核心、辅以跨领域数据安全委员会的双重保障体系。该委员会应汇聚业务、数据科学、信息安全及法律等多方面的专业人才，形成优势互补、结构完备的管理架构，旨在全面规划并协调数据安全策略，平衡业务发展与安全保障的需求，督导各部门严格执行数据安全政策。鉴于数据安全的系统性特质及其对组织大数据战略的支撑作用，其重要性应上升至组织战略高度，获得高层管理者的直接关注与领导。因此，数据安全委员会的掌舵人应由组织内最高管理层担任，以确保政策推行的力度与效率。

（二）盘点现状

数据安全体系的基石在于对数据本身的全面掌控，这要求我们必须对庞大的数据资产库及其背后的组织部门、业务流程进行详尽的清查与梳理，其核心任务在于明确数据的多样性、规模量级、核心价值内容、源头追溯，以及依据数据敏感度所划分的安全等级与流通路径。同时，我们聚焦于那些将数据视为核心驱动力的业务领域，这些业务深度依赖数据的精准性与安全性，其运营效率与成效直接受到数据管理的影响。因此，构建一个全面的数据安全策略，不仅需精细管理数据资产，还需紧密关联并优化相关业务流程，确保数据在促进业务发展的同时，得到最严格的安全保障。

第四章
数据挖掘

第一节 数据挖掘技术的产生

一、数据挖掘的定义

数据挖掘作为当前数据库应用领域的热门话题，其核心在于从庞大的数据库中挖掘出富含价值的信息。这一过程涉及在数据库或数据仓库内，运用多样化的分析技术与策略，对长期积累的海量复杂数据进行深度剖析、整理与提炼，旨在揭示隐藏的趋势、模式及关联性等宝贵信息，为决策者提供有力的决策支持。简而言之，数据挖掘就是数据海洋中的探宝之旅，被形象地比喻为知识发现、数据考古学、数据模式分析或功能相依分析。这一领域已跨越数据库系统、机器学习、统计学等多个学科，成为交叉学科的前沿阵地。

然而，重要的是我们要理性看待数据挖掘的能力边界。它更像是一位高明的预言家，能从数据中提炼出种种可能成立的预测与假设，并对这些假设的潜在价值进行初步评估。但值得注意的是，数据挖掘本身并不具备验证这些假设真伪或评估其实际经济效益的能力。它提供的是洞察与线索，而非确凿无疑的结论或行动指南。因此，在利用数据挖掘技术时，我们需结合实际情况，审慎评估其输出成果，辅以其他验证手段，以确保决策的科学性与有效性。

二、数据挖掘的重要性

现代企业在日常运营中累积的海量数据，囊括了市场趋势、客户行为、供应链详情及竞争对手动态等关键信息，然而，这些数据的无结构化与信息过载现状，往往让决策者难以全面捕捉其深层价值，仅能触及冰山一角，从而可能引发决策过程中的盲区与偏差。通过引入数据挖掘技术，企业能够解锁这些数据宝藏，深入挖掘出全面、深刻且具有实际指导意义的洞察与知识，为决策提供强有力的支撑。这一过程不仅优化了决策质量，减少了误判风险，更为企业构建了基于数据洞察的独特竞争优势，助力其在激烈的市场竞争中脱颖而出。

三、数据挖掘的步骤

数据挖掘的实施流程因应用领域、技术特性及具体需求而异，呈现出显著的多样性和灵活性。这一过程不仅受到数据完整性、专业支持程度等外部因素的影响，还内在地依赖于分析技术与专业知识的深度融合。这种差异性强调了数据挖掘过程系统化、标准化的重要性，它有助于跨越领域界限，促进多学科知识的融合，从而充分发挥数据挖掘的核心价值。

一个全面的数据挖掘流程通常遵循以下关键步骤：第一，深入理解数据源及其特性（理解阶段）；第二，获取必要的知识与技术储备（获取阶段）；第三，整合并细致检查数据质量，确保数据的准确性与一致性（整合与检查阶段）；第四，进行数据清洗，剔除错误与不一致项（清洗阶段）；第五，构建分析模型与假设框架（建模与假设阶段）；第六，进入核心的数据挖掘环节，运用特定技术挖掘潜在价值（挖掘阶段）；第七，对挖掘结果进行严格测试与验证，确保其可靠性（测试与验证阶段）；最终，对结果进行解读并应用于实际决策中（解释与应用阶段）。

值得注意的是，数据挖掘的准备工作尤为繁重，专家普遍认为整个流程中约 80% 的时间与精力在于数据预处理，涵盖数据净化、格式转换、变量整合及数据表链接等关键环节。这些前置工作的细致程度直接影响到后续分析的准确性与效率，是数据挖掘成功不可或缺的基础。

四、数据挖掘的跨行业标准过程

CRISP - DM，即数据挖掘的跨行业标准过程，是由欧洲一群在数据挖掘领域经验丰富的企业联合创立的特别小组精心制定的。该小组汇聚了数据仓库解决方案供应商 NCR、知名汽车制造商 Daimler - Chrysler、统计分析软件领军者 SPSS 等。除了专注于数据挖掘软件研发的如 NCR 与 SPSS 等核心成员外，还有众多行业参与者通过实际项目操作与整体规划，共同将数据挖掘流程中的关键环节标准化。CRISP - DM 模型的核心在于其全面性，它不仅仅聚焦于数据的整理、展示与分析及模型构建，更将对企业需求的深入理解、模型效果的评估及后续应用的拓展视为不可或缺的一环。这一方法论不仅为数据挖掘项目的实施提供了明确的步骤和指导，而且保持了高度的独立性，不依赖于任何特定的数据挖掘算法或系统，从而确保了其广泛的适用性和灵活性。

CRISP - DM 分为六个阶段，我们分别简介如下。

（一）定义商业问题

本阶段的核心任务聚焦于深入剖析企业面临的具体挑战与需求，通过细致入微的沟通与交流，我们确保对每一层面的需求都有精准且全面的把握。这一过程旨在将企业的实际需求转化为明确的数据挖掘问题，同时构思出初步的解决框架。为此，与企业不同层级的人员展开广泛讨论显得尤为重要，它有助于我们构建对企业问题的全方位认知，确保后续分析路径的精准性与针对性。唯有如此，我们才能精准定位问题本质，为后续的数据挖掘工作奠定坚实的基础。

（二）数据理解

此阶段涵盖了数据库构建与数据深度分析两大核心任务。首先，数据收集是基础，我们需广泛搜集信息并深入理解其内涵与特性，随后通过筛选机制剔除无用数据，仅保留有潜在价值的数据集。其次，进入数据整理阶段，此阶段旨在提升数据质量，确保数据的准确性、完整性和一致性，同时，面对分散于多个数据库的数据资源，我们需实施有效的合并与整合策略，以实现数据的集中管理与高效利用。数据库构建完毕后，数据分析工作随即展开，我们通过分析手段揭示数据间的内在联系与潜在规律，识别出对业务影响最为显著的关键数据点。基于分析结果，决策者可进一步评估是否需要追加更为详尽的数据采集工作，以深化对业务问题的理解并优化决策支持。

（三）数据预处理

此阶段与数据理解环节共同构成了数据准备工作的核心支柱，这标志着我们进入了构建分析模型之前的最终数据整备阶段。数据预处理作为这一过程中的关键环节，往往需经历多次迭代与优化，且处理顺序灵活多变，旨在将源自不同渠道的数据进行彻底清理、系统化整理与有效整合，确保其格式、质量与一致性均能满足数据挖掘技术的严苛要求，为后续的数据挖掘工作铺设坚实的基石。

（四）建立模型

在这一阶段，核心任务是将预处理完毕的数据，运用多元化的数据挖掘技术，精心构建分析模型，以期精准挖掘出企业面临问题的根源所在。值得注意的是，针对同一问题，存在多种分析技术可供选择，每种技术均对数据格式与质量有着独特的偏好与要求。因此，在模型构建过程中，我们若发现数据未能完全契合当前所选技术的需求，往往需要回溯至数据预处理环节，对原始数据进行二次调整或转换，以确保其符合技术要求的规范格式，从而保障分析模型的有效性与准确性。这一过程体现了数据挖掘项目的灵活性与迭代性，旨在不断优化数据处理与分析的效能，以实现对企业问题的深刻洞察与精准解决。

（五）评价和解释

从数据分析的视角审视，尽管在进入模型评估阶段时，我们已初步构建了看似高质量的分析模型，但实际应用中，面对多样化的数据输入，模型的准确性难免会出现波动。此阶段的核心使命在于对挖掘成果进行深入评估与合理解读。尤为关键的是，我们需细致审视是否存在某些关键的商业议题被遗漏或未得到充分考量，这类疏忽很可能对模型的预测精确度造成显著影响，这要求我们在模型优化过程中对其予以高度重视与调整。

（六）实施

一般而言，模型构建的完成仅标志着项目进程的一个重要里程碑，而非终结。模型通过验证后，其应用方式呈现多元化。一方面，模型可作为分析人员的决策辅助工具，通过深入剖析模型，分析人员能够提出针对性的行动策略建议；另一方面，模型亦能灵活应用于多样化的数据集，拓展其价值边界。此外，模型的持续监控同样不可或缺，以确保其效能与预期相符。

项目结构层次分明，自顶向下依次为阶段、通用任务、专项任务及过程实例。每个阶段由一系列通用任务构成，而这些通用任务又进一步细化为专项任务，最终由具体的过程实例来执行。值得注意的是，阶段与通用任务这两层架构具有普适性，超越了特定数据挖掘技术的限制，是任何数据挖掘项目不可或缺的基础步骤，聚焦于“做什么”。然而，要将这些通用步骤转化为实际操作，我们则需结合项目的具体“上下文”，即那些与项目开发紧密相关、需统筹兼顾的关键因素，如应用领域特性、数据挖掘问题类型、技术挑战、所选用工具及其技术特性等，从而实现从理论框架到实践操作的精准映射。

第二节　数据挖掘的功能

数据挖掘的功能核心在于明确任务中目标模式的具体类型，这些任务大致可被划分为描述性挖掘与预测性挖掘两大类别。描述性挖掘旨在深入剖析数据库中的数据，提炼出其普遍特征与规律；而预测性挖掘则侧重利用现有数据进行前瞻性推断，以支持未来趋势的预测。

面对用户可能存在的模式类型认知模糊，数据挖掘系统应展现出灵活性，能够并行探索多样化的模式类型，满足不同用户或应用场景下的多元化需求。此外，系统还须具备跨粒度挖掘能力，即能够跨越不同抽象层次，揭示数据在不同视角下的丰富模式。尤为关键的是，系统应允许用户通过提供线索或指导，精准聚焦感兴趣的模式搜索方向，提高挖掘效率与针对性。

鉴于并非所有发现的模式都普遍适用于数据库中的所有数据，每个识别出的模式都应附带一个衡量其确定性或“可信度”的指标，以帮助用户评估模式的适用性与价值。这一设计思路体现了数据挖掘系统在模式发现过程中的严谨性与实用性并重。

数据挖掘功能及它们可以发现的部分模式类型如下。

一、概念/类描述：特征和区分

数据区分作为数据挖掘的一种关键方法，其核心在于通过比较目标类与对比类在数据特征上的差异来揭示两者之间的区别。这一过程不仅涉及数据的提取与查询，还涵盖了使用多种可视化工具和统计方法来展示这些差异。具体而言，数据挖掘系统应当能够灵活地设定目标类和对比类，比如比较在 AllElectronics 商店中定期购买计算机产品的顾客（每月多于 2 次）与偶尔购买此类产品的顾客（每年少于 3 次）。

输出的区分描述会以多种形式呈现，以确保信息的全面性和易理解性。类似于数据特征描述的输出，区分描述也会采用饼图、条图、曲线图、多维数据立方体及包含交叉表在内的多维表等形式。然而，更为显著的是，区分描述中会明确包含比较度量，如百分比差异、平均值对比等，这些度量直接反映了目标类与对比类在特定特征上的不同。此外，以规则形式（区分规则）表达的区分描述也尤为重要，它们能够精炼地概括出两类对象之间的主要差异。

用户不仅能够查看这些直观的图表和规则，还应能够对这些输出进行操作，如沿着特定的维度进行下钻分析（如按职业或收入水平进一步细分），以便更深入地探索两类顾客之间的细微差别。这样的交互性不仅增强了数据分析的深度，也提升了数据挖掘系统的实用性和灵活性。

综上所述，数据区分的输出不仅限于简单的数据对比展示，而且通过多种形式的综合呈现，以及允许用户运用深度交互的功能，共同构建了一个全面、深入且易于理解的区分描述体系。

二、分类和预测

分类是一个构建模型或函数的过程，旨在描述或辨识数据中的类别或概念，进而利用这些模型预测类别标签未知的对象。模型的构建基石在于对训练数据集的深入剖析，这些数据集的特点是其类别标签已明确标注。

导出模型的表现形式丰富多样，包括但不限于分类规则（IF - THEN 语句）、判定树、数学表达式及神经网络等。判定树作为一种直观的结构，类似于流程图，其中每个节点代表一个属性值的测试点，分支代表测试的不同结果，而叶子节点则标识出具体的类别或类别分布。判定树的一大优势在于其易于转化为分类规则，便于理解与应用。而在分类任务中，神经网络则模拟了一组相互连接的神经元处理单元，通过加权连接实现复杂的数据处理与模式识别。

虽然分类主要应用于预测数据对象的类别标签，但在某些场景下，预测缺失或未知的数据值同样重要。当这些待预测值为数值型时，这一过程通常被称为预测。尽管预测活动可能涵盖数据值预测与类别标签预测两大范畴，但在实际应用中，预测更多聚焦于数值预测，从而与分类任务有所区分。此外，预测还涉及对可用数据中潜在分布趋势的识别与分析。

值得注意的是，在进行分类与预测之前，进行相关分析往往至关重要，它旨在识别并剔除那些对分类与预测无实质性贡献的属性，以优化模型的准确性与效率。

以 AllElectronics 销售经理为例，若需根据销售反馈将商品划分为“良好反应”“中等反应”与“差劲反应”三大类别，便可依据商品的价格、品牌、产地及类别等描述性特征，为每一类别导出预测模型。此分类过程旨在最大化类间差异，为数据集提供结构化的视图。假设最终采用判定树作为分类结果的呈现形式，该树可能首先识别价格作为区分三类商品的关键因素，进而揭示在价格基础上，品牌与产地等其他属性如何进一步细化类别划分。这样的判定树不仅有助于深入理解销售活动的影响机制，还能为设计更加高效的销售策略提供有力支持。

三、聚类分析

聚类分析是一种无监督学习方法，与分类和预测任务显著不同，它旨在将数据对象自然地划分为多个群组或“聚类”，而无须事先知道或指定任何类别的标签。由于训练数据中不包含预定义的类标号，聚类分析起始于对数据的内在结构和模式的探索，通过聚类过程自动生成这些标号。其核心原则在于最大化同一聚类内部对象之间的相似性，同时最小化不同聚类间对象的相似性，以此为依据将对象分组。这样形成的聚类，其内部成员高度相似，而与外部其他聚类成员则显著不同。每个聚类均可视为一个独特的对象类，从中我们可以提炼出描述该类特性的规则。此外，聚类分析还有助于构建分类体系，通过组织数据对象成层次分明的结构，将相似的事件或实体归并到同一层级，为后续的数据分析和决策支持提供有力工具。

以 AllElectronics 的顾客数据为例，聚类分析能够识别并区分出具有相似购物行为或偏好的顾客群体，这些聚类直接反映了不同的购物目标群。通过这样的分析，企业可以更精准地理解顾客需求，制定个性化的营销策略，从而提升顾客满意度和市场竞争力。

四、局外者分析

数据库中潜藏着一些特殊的数据对象，它们与整体数据的常规模式或预期行为相悖，这类对象被形象地称为“局外者”。多数数据挖掘技术倾向于将这些偏离常规的数据视为噪声或异常值而予以忽略。然而，在某些特定应用场景下，如欺诈检测，这些罕见事件往往比常规事件更具分析价值，针对局外者的专门分析技术，即局外者挖掘，便应运而生。

局外者的识别可通过多种方法实现，其中统计测试是一种常见手段。该方法基于预设的数据分布模型或概率假设，结合距离度量标准，将那些与其他数据群体显著远离的对象标记为局外者。另一种思路是基于偏差的方法，它侧重于分析数据集中对象在关键特征上的显著差异，而非仅仅依赖统计模型或距离计算，从而识别出局外者。

以信用卡欺诈检测为例，局外者分析技术能够发挥关键作用。通过分析特定账户的消费行为，如与常规支付模式相比，某次交易金额异常巨大，我们即可初步判定为潜在的欺诈行为。此外，购物地点、商品类型及购物频率等维度的综合分析，也能为识别欺诈活动提供更多线索与证据。

五、演变分析

数据演变分析专注于探究对象行为随时间变化的内在规律与趋势，并据此构建相应的模型。这一分析领域广泛涵盖了时间序列数据的特征提取、差异识别、关联分析、分类及聚类等多种技术手段。其独特之处在于，它不仅能够捕捉数据中的时间依赖性和动态变化，还能通过时间序列分析、序列或周期模式的匹配，以及基于相似性的数据比较等方法，深入挖掘隐藏的时间趋势与周期性规律。

以上海证券交易所的历史股票市场数据为例，当我们聚焦于高科技工业公司的股票表现时，数据演变分析能够揭示这些股票随时间演变的特定模式。通过深入分析这些模式，研究者能够识别出整个股票市场及特定公司股票的演变规律，进而构建预测模型，以辅助预测未来股票市场价格的可能走势。这样的分析能力对于投资者而言极具价值，因为它能够帮助他们做出更为明智、基于数据的投资决策。

第三节　数据挖掘的方法

一、判定树

判定树在数据挖掘领域内占据举足轻重的地位，尤其是在处理分类问题时，其高效性尤为显著。除了直观性强，以图形化方式展现分析结果，便于直观理解外，判定树还具备诸多显著优势。首先，它既能以树状图的形式呈现，也能转化为易于解读的规则集，这种表达方式不仅清晰明了，还极大地增强了模型的可用性和有效性。其次，判定树在处理数据类型上展现出极大的灵活性，无论是连续型变量还是类别型变量，都能游刃有余地应对，并通过最大化信息增益的原则来精准选择分割变量，从而清晰地揭示出各变量在模型中的相对重要性。最后，面对庞大的数据集，判定树同样能够保持高效稳定的表现，其模型复杂度并不直接受数据集规模的影响，即便是在变量众多的复杂情况下，依然能够构建出准确的判定树模型。

（一）判定树的优点

判定树，亦称分类树，作为一种强大的工具，其能够同时胜任分类与预测任务，无论是处理类别型数据还是连续型数据的分类预测问题都不在话下。它遵循“监督学习”的原则，核心在于利用已知分类的实例构建树状模型。这一树状结构不仅直观地展示了分类过程，还通过自动识别和评估数据分区，归纳出分类规则，进而应用于新样本的预测。在判定树中，决策路径以树形图的形式展现，依据不同的属性特征，数据自上而下被逐级划分至相应的类别。

构建判定树模块时，我们会考虑三种不同类型的变量处理方式：首先，对于类别预测变量，采用基于单变量分裂的二元判定树算法；其次，针对顺序预测变量，同样运用基于单变量分裂的二元判定树策略；再次，对于同时包含类别与顺序特性的混合预测变量，也采用单变量分裂为基础构建二元判定树的策略。此外，为了进一步提升判定树的灵活性与适应性，我们还提供了基于线性组合分裂的高级选项，这一方法特别适用于区间尺度预测变量的处理，为数据分析师提供了更多元化的建模选择。

（二）判定树的架构

判定树的结构严谨而有序，主要包括根部节点、中间节点、分支及叶节点等关键组成部分。根部节点作为起点，汇聚了所有训练数据；中间节点则是数据依据特定分割准则逐步细化的结果；分支则充当了节点间的桥梁，每一条分支都代表了一种特定的分割逻辑；叶节点则位于树的最末端，不再向外延伸，标志着分类或预测过程的终结。

构建判定树的过程，实质上是一个数据持续细化的动态生长过程。每一次数据的切分都伴随着一个问题的提出与解决，同时也伴随着新节点的诞生。这些切分旨在最大化数据分组间的“差异性”，以确保分类或预测的准确性。值得注意的是，不同的判定树算法在衡量这种“差异性”时采用了各异的方法论，这正是它们之间的核心差异所在。而这一过程，也被形象地称为数据的“纯化”，即通过不断的切分与细化，逐步逼近数据的本质特征，最终实现精准的分类或预测。

（三）判定树的计算方式

判定树的学习过程核心在于运用信息论中的信息增益原理，旨在从数据集中挖掘出最具信息量的变量，并以此作为树的起始节点。随后，我们根据该变量的不同取值，递归地构建出树的各个分支，每个分支上的子集继续重复上述建树与分枝的过程，直至整棵判定树构建完成。在此过程中，每个节点的选择均依赖信息增益这一关键指标，它有效衡量了给定变量在区分训练样本方面的能力。具体而言，算法会遍历所有候选变量，计算它们各自的信息增益，并选择信息增益最高或熵值最小的变量作为当前节点的分割变量。这一选择机制确保了分割后的样本集具有最小的信息量，同时也反映了数据集的最低随机性和最高纯度。因此，通过信息增益的引导，判定树能够高效地识别出数据中的关键特征，并据此构建出结构清晰、解释性强的分类模型。

二、单纯贝叶斯分类

单纯贝叶斯分类算法以简洁高效著称，是一种广泛应用于分类任务的监督学习算法。在使用此算法之前，我们必须明确分类的目标类别，即事先知晓分类的形态。算法通过深入分析训练样本集，学习并记忆分类与属性之间的内在联系，提炼出能够代表这些样本的核心概念。随后，我们利用这些核心概念作为基准，对未标记的数据进行类别归属的预测，从而推断出测试数据对象的目标类别，有效应对未来待分类的数据挑战。

每个训练样本在单纯贝叶斯分类中扮演着关键角色，它们不仅包含与分类紧密相关的属性值，还明确指出了分类的结果，即目标值。属性值可能展现多样化的形式，而目标值则常以二元对立的形态呈现，如“是/否”“好/坏”“对/错”或“上/下”，这些二元对立的状态清晰地界定了分类的界限。

值得注意的是，单纯贝叶斯分类算法在处理属性数据时有一定的局限性，它仅支持离散型或已离散化的属性，对于连续型属性则不适用。此外，该算法假定所有输入变量在预测过程中是相互独立的，这一假设简化了计算复杂度，但也意味着它忽略了变量间可能存在的复杂关联。其核心运作机制基于贝叶斯定理，通过巧妙交换先验概率与后验概率，结合属性间独立的假设，来预测数据对象的分类结果，从而实现了高效且实用的分类功能。贝叶斯定理公式如下所示。

h_("MAP"):最大可能的假说。

$$
\begin{aligned}
h\_(\text{"MAP"}) &= \text{argmax}\_(\text{hinV})\,\mathrm{P}(h) \\
&= \underset{h \in V}{\text{argmax}} \frac{P(D \mid h)P(h)}{P(D)} \\
&= \underset{h \in V}{\text{argmax}} P(D \mid h)P(h)
\end{aligned}
$$

式中：D——训练样本；

V——假说空间；

P（D）——训练样本的事前概率，对于假说 h 而言，为常数；

P（h）——假说 h 事前概率（尚未观察训练样本时的概率）；

P（$h \mid D$）——在训练样本 D 集合下，假说 h 出现的条件概率。

（一）单纯贝叶斯分类的优点

这种分类算法以其构建速度之快而著称，非常适合快速搭建预测模型，尤其是在处理大型数据库时展现出卓越的性能。它不仅能在短时间内完成模型的构建，还能输出高准确率和高效能的分类结果，满足了对分类精度与效率双重高标准的需求。在特定应用领域，该算法的分类效能甚至超越了神经网络与判定树等经典方法，成为解决复杂分类问题的优选方案。

（二）单纯贝叶斯分类的计算方式

单纯贝叶斯分类器会根据训练样本，对于所给予测试对象的属性值 $a_1, \cdots, a_n$（假设一共有 n 个学习概念的属性 $A_1, \cdots, A_n$，a_n 为 A_n 相对应的属性值），指派具有最高概率值的类别（C 表示类别的集合）为目标结果。

1. 计算各属性的条件概率 $P(C = c_j \mid A_1 = a_1, \cdots, A_n = a_n)$

贝叶斯定理：

$$P(c_j \mid a_1, \cdots, a_n) = \frac{P(a_1, \cdots, a_n \mid c_j) P(c_j)}{P(a_1, \cdots, a_n)}$$

属性独立：

$$P(a_1, \cdots, a_n \mid c_j) P(c_j) = \prod_{i=1}^{n} P(a_i \mid c_j)$$

$P(c_j)$ 表示事前概率。

$P(c_j \mid A)$ 表示事后概率（事件 c_j 是原因，A 是结果）。

2. 预测推论新测试样本所应归属的类别

在单纯贝叶斯分类器的理论框架下，一个核心前提是假设所有参与学习概念分类的属性之间是相互独立的。当这一条件得以满足时，单纯贝叶斯分类器便能够展现出其强大的分类能力，其所预测的最大可能分类结果，与基于贝叶斯定理推导出的最大可能假说在效果上是一致的，均能实现高效且准确的分类判断。这一特性不仅体现了单纯贝叶斯分类器在特定条件下的优越性，也进一步印证了贝叶斯理论在分类问题中的广泛应用与深厚基础。

三、关联规则

关联规则分析，亦称购物篮分析，其核心在于揭示数据库中数据项之间的相关性，通过量化不同变量或商品间的关联程度或共现概率，为我们提供深入理解顾客购买行为的窗口。这一分析手段能够洞察如购买计算机后，顾客进一步选购打印机、音箱等外设商品的可能性，从而帮助商家优化商品陈列布局、库存管理，并基于购买模式细分顾客群体。

然而，值得注意的是，数据挖掘所得的关联规则并非绝对意义上的规则，它们更多是对数据间潜在关系的描述性总结，而非经过严格验证的因果定律。这些规则的正确性有待进一步数据的检验，且其基于过往数据的规律在未来新情境下的适用性亦存在不确定性。

在应用关联规则指导实践时，我们需谨慎行事。例如，在超市商品陈列上，盲目依据规则将高度关联商品紧邻摆放，可能会意外导致整体销售额下滑，因为便捷的购物体验可能促使顾客直奔目标商品，忽略了原本可能吸引其额外购买的关联商品。因此，任何基于数据挖掘结果的决策都应建立在充分的分析与实验基础上，以确保其有效性与合理性。

（一）关联规则的形式

关联规则依不同的情况，可分为以下三种形式。

1. 按“处理变量”可分为布尔型和数值型

在数据挖掘和关联规则挖掘的领域中，我们处理的数据类型通常可以划分为布尔型和数值型两大类。这两种类型各自在揭示数据间关系时展现了不同的特点和优势。

布尔型关联规则主要处理的是那些离散的、种类化的数据值。这类规则通过直接表示变量之间的存在性关系，来揭示它们之间的内在联系。比如，“性别 =‘女’→职业 =‘秘书’”这样的布尔型关联规则，就明确指出了性别为女性的个体更有可能从事秘书这一职业。这种规则简洁明了，易于理解，是关联规则挖掘中的基础类型。

然而，现实世界中的数据往往更加复杂多样，除了种类化的变量外，还有大量的数值型数据。为了充分利用这些数值型数据中的信息，我们引入了数值型关联规则。这类规则能够结合多维关联或多层关联的规则框架，对数值型字段进行灵活处理。它们可以通过动态的分割策略，将连续的数值区间划分为若干个离散的类别，进而揭示不同数值区间与其他变量之间的关系。同时，数值型关联规则也可以直接对原始数据进行处理，无须事先进行分割，从而保留了数据的完整性和连续性。

值得注意的是，数值型关联规则并不排斥种类变量。相反，它们可以非常灵活地与种类变量结合使用，共同揭示数据集中更为复杂和全面的关系模式。例如，“性别 =‘女’→收入 =‘2300’”这样的规则就结合了性别这一种类变量和收入这一数值型变量，揭示了女性群体中收入特定值的分布情况。当然，这里的“收入 =‘2300’”只是一个示例，实际中数值型关联规则可能会采用更为复杂的表达方式来描述收入与其他变量之间的关系。

综上所述，布尔型关联规则和数值型关联规则各有千秋，它们共同构成了关联规则挖掘的强大工具集。在实际应用中，我们可以根据数据的具体特点和分析需求来选择合适的规则类型进行挖掘和分析。

2. 按“数据的抽象层次”可分为单层关联规则和多层关联规则

在关联规则挖掘的领域中，我们根据数据层次的复杂程度，可以区分出单层关联规则和多层关联规则。这两种规则在处理数据的多层性方面有着显著的不同。

单层关联规则主要关注于在同一层次或同一维度下的变量之间的关联性。这种规则在挖掘时，往往没有考虑到数据可能存在的多个不同层次或维度。例如，“IBM 计算机→Sony 打印机”这样的单层关联规则，就仅仅揭示了 IBM 品牌的计算机与 Sony 品牌的打印机之间的购买关联性，而没有涉及更高层次或更细节层次的信息。

相比之下，多层关联规则则充分考虑了数据的多层性特点。这类规则不仅关注于同一层次或同一维度下的变量关系，还能够跨越不同的层次或维度，揭示出更高层次与细节层次之间的关联性。例如，“计算机→Sony 打印机”这样的多层关联规则，就将“计算机”这一更高层次的类别与“Sony 打印机”这一细节层次的品牌联系了起来。这种跨层次的关联规则能够为我们提供更加全面和深入的数据洞察。

因此，在进行关联规则挖掘时，我们需要根据数据的具体特点和分析需求来选择合适的规则类型。如果数据具有多个不同的层次或维度，并且我们希望能够揭示出这些层次之间的关联性，那么多层关联规则将是一个更加合适的选择。通过多层关联规则的挖掘，我们可以发现隐藏在数据背后的更多有用信息和规律。

3. 按“涉及的数据维数”可分为单维的和多维的

在关联规则挖掘的实践中，我们根据所涉及的数据维度数量，可以将关联规则进一步细分为单维关联规则和多维关联规则。这两种规则在处理数据和分析数据间关系时，具有显著的区别。

单维关联规则，顾名思义，仅涉及数据的一个维度。在这种规则中，我们主要关注的是该维度下各个属性或项目之间的关联性。例如，“啤酒→尿布”这样的单维关联规则，就是基于用户购买行为这一单一维度，揭示了啤酒和尿布之间可能存在的购买关联性。这种规则简单直接，适用于分析某一维度内部各个元素之间的相互影响和关系。

然而，现实世界中的数据往往是多维度的，涉及多个属性和字段。为了更全面地理解数据之间的关系，我们需要引入多维关联规则。多维关联规则能够处理涉及多个维度的数据，并揭示这些维度下各个属性之间的复杂关系。例如，“性别 =‘女’→职业 =‘秘书’”这样的多维关联规则，就同时考虑了性别和职业两个维度，揭示了女性与秘书职业之间可能存在的关联性。这种规则不仅考虑了单一属性内的关系，还跨越了不同的属性维度，为我们提供了更为丰富和全面的数据洞察。

因此，在进行关联规则挖掘时，我们需要根据数据的实际情况和分析目标来选择合适的规则类型。如果数据仅涉及单一维度，且我们关注的是该维度内部的关系，那么单维关联规则将是一个不错的选择。而如果数据涉及多个维度，且我们希望能够揭示这些维度之间的复杂关系，那么多维关联规则将更为适用。通过多维关联规则的挖掘，我们可以发现数据之间更为隐晦和复杂的关联性，为决策制定和业务优化提供更加有力的支持。

（二）关联规则的优点

关联规则可以发现人们常识之外、意料之外的关联，找出隐含在数据中不为人知的信息，其简单易懂又容易实现。

（三）关联规则的计算方式

关联规则作为数据挖掘中的一个重要概念，其核心表现形式为“If condition then result”，即X→Y的结构，其中X和Y被称为项集。为了衡量这些关联规则的强度和有效性，我们引入了三个关键参数：支持度、置信度和增益。

首先，支持度是衡量X项集与Y项集共同出现在数据集D中频繁程度的一个指标。它计算的是X和Y同时出现在D中的交易次数占总交易次数的比例。从概率的角度来看，支持度实际上代表了X和Y两个事件同时发生的概率。

其次，置信度则进一步探讨了在X项集已经发生的前提下，Y项集发生的可能性。它通过将X和Y同时出现的次数除以X单独出现的次数来计算得出。在概率的语境下，置信度可以被解释为在X事件已经发生的情况下，Y事件随后发生的条件概率。

最后，增益是一个用于比较两种可能性的指标。它衡量的是在已知X项集出现的情况下购买Y项集的可能性，与在不考虑X项集出现情况下任意购买Y项集的可能性的比值。简而言之，增益揭示了X项集对Y项集购买行为的影响力是否超出了随机性，是评估关联规则是否具有实际价值的关键参数。

综上所述，支持度、置信度和增益共同构成了评估关联规则强度和有效性的三大支柱，它们从不同角度为我们揭示了项集之间的关联关系和潜在规律。

（四）关联规则的算法

Apriori算法作为关联规则挖掘中的经典与基础算法，其执行过程遵循着一种循序渐进的逻辑，旨在从数据库中挖掘出项目之间的关联规则。以下是我们对Apriori算法执行步骤的详细阐述。

首先，在应用Apriori算法之前，我们必须明确两个关键参数：最小支持度和最小置信度。这两个参数是评估关联规则强度和有效性的重要标准。

其次，Apriori算法引入了候选项集的概念。算法从生成候选项集开始，这些候选项集是潜在的关联规则组成部分。算法通过计算每个候选项集的支持度，并与设定的最小支持度进行比较，来筛选出高频项集。高频项集是指在数据集中出现频率足够高，满足最小支持度要求的项集。

再次，在Apriori算法的执行过程中，我们会读取数据库中的所有交易记录，根据这些记录计算出候选单项集的支持度。随后，算法会筛选出高频单项集，即那些支持度大于或等于最小支持度的单项集。

有了高频单项集作为基础，算法会进一步利用这些单项集的组合来生成候选二项集。然后，算法会再次扫描数据库，计算候选二项集的支持度，并筛选出高频二项集。这一过程会不断重复，即利用上一轮得到的高频项集来生成新的候选项集，并通过扫描数据库计算其支持度，从而逐步构建出更高阶的高频项集。

具体来说，算法会重复以下步骤：扫描数据库、计算候选项集的支持度、与最小支持度进行比较、筛选出高频项集、利用高频项集生成新的候选项集。这一过程将持续进行，直到无法再生成新的候选项集为止。

通过上述步骤，Apriori 算法能够系统地挖掘出数据库中的关联规则，为数据分析师和决策者提供有力的数据支持。

四、群集分析

群集分析，亦称聚集或丛集分析，其核心目标是将具有相似性的数据点归并到同一组中，以凸显组间差异最大化与组内差异最小化。与分类分析显著不同的是，群集分析不依赖于预先设定的类别或标签。这意味着在启动群集过程之前，研究者无须知晓应将数据分割成多少个群组，也无须明确依据哪些变量进行划分，从而省去了训练集的准备步骤。

群集分析的这一特性要求分析师在群集完成后，主动解读并赋予各个群组以实际意义。由于群集的生成不依赖于预设的框架，初次群集的结果可能并不完全符合分析师的预期或业务需求。因此，一种常见的做法是，通过迭代的方式不断优化群集效果：分析师可以根据初步群集的结果，选择性地删除或增加变量，以调整群集的依据和方式。这一过程可能需要多次重复，直至最终得到一个既符合数据内在结构又满足分析需求的理想群集结果。

（一）群集分析的计算方法

在群集分析的核心方法论中，衡量事物之间的“相似性”占据了至关重要的地位。这种相似性并非主观臆断，而是基于样本在多维几何空间中的“距离”这一客观指标来量化和评判的。具体而言，当两个或多个样本在几何空间中的相对距离越为接近，它们之间的相似程度就被认为越高，从而更有可能被划分为同一群组。这种基于距离度量的群集划分方式，不仅确保了群组内成员之间的相似性最大化，同时也促进了群组之间差异性的显著化，为后续的数据分析和解读奠定了坚实的基础。

1. 在数学上对于“距离（相似度）”这个概念，我们可以有以下几种不同的定义。

（1）点与点之间的距离（x_i, x_j 点之间的距离），欧式距离。其适合使用在单位一致或是单位大同小异不必加权的多变量数据上。

$$d_{ij} = [(x_i - x_i)^T(x_i - x_j)]^{\frac{1}{2}}$$

（2）马氏距离。其算法类似欧式距离，但其需经过协方差矩阵的修正，也就是一般统计观念中“标准化”的程序。

$$d_{ij}^2 = (x_i - x_j)^T S^{-1}(x_i - x_j)$$

（3）曼哈顿距离，亦称市街距离，是群集分析中一种独特的相似性衡量方法。它直接以数据点之间差异的绝对值作为计算基础，这一特性使得曼哈顿距离在处理数据时避免了复杂的开方与平方根运算，同时也无须通过协方差矩阵进行修正。由于这种计算方式较为直接且未涉及复杂的数学变换，因此使用曼哈顿距离进行群集分析所得出的结果，往往会与采用欧氏距离或其他基于距离度量的方法所得出的结果存在显著差异。这种差异体现了不同相似性衡量方法对数据内在结构和特征的不同捕捉能力，也为数据分析师提供了多样化的视角和工具来深入探索数据背后的规律和模式。

$$d_{ij} = \sum |x_i - x_j|$$

2. 群与群之间的距离（设有 *P*、*Q* 两类，*i*、*j* 分别为此两类中的点）。

（1）单一连接法。两类之间的距离，由两类的所有连接中最短的那个距离决定。

$$d(P,Q) = \min d_{ij}$$

（2）完全连接法。两类之间的距离，由两类的所有连接中最长的那个距离决定。

$$d(P,Q) = \max d_{ij}$$

（3）平均连接法。两类之间的距离，由两类的所有连接的平均长度决定。$N(\cdot)$ 表示此类中样本点的个数。

$$d(P,Q) = \frac{\sum_i \sum_j d_{ij}}{N(P)N(Q)}$$

（二）聚类分析的算法

1. 分割算法

数据分割任务中，用户需明确指定将数据集划分为 K 个集群，每个分割即代表一个独立的集群。集群的形成旨在优化特定的分割标准，这一标准通过相似函数（亦称“目标函数”）来衡量，确保同一集群内的数据对象具有高度的相似性。

在分割算法的广阔领域中，K－means 和 K－medoid 算法因其启发式特性而备受青睐，成为实际应用中的主流选择。K－means 算法以其简洁性著称，通过计算集群内所有数据点的平均值来确定集群中心，对于处理具有球形分布特征的中小规模数据集尤为有效。该算法的执行流程包括：首先，从 n 个数据对象中随机选择 K 个对象作为初始集群中心；其次，遍历所有对象，根据它们与集群中心的距离（或相似度）进行分配；再次，更新每个集群的中心点为当前集群内所有对象的平均值；此过程重复进行，直至满足停止条件，通常是当没有对象改变其所属集群时。

相比之下，K－medoid 算法则采用了不同的策略来定义集群中心。它选取集群内最接近“中心位置”的某个实际数据点作为中心点，而非简单的平均值。在每次迭代中，算法会尝试替换现有的集群中心，通过比较替换前后的目标函数值来评估改进效果。若替换后的集群划分使得目标函数值更优，则接受该替换，并继续下一轮迭代。这一过程同样遵循“重复直至收敛”的原则，但其在处理具有噪声或异常值的数据集时可能展现出更好的鲁棒性。

2. 阶层算法

这种方法的核心思想是将数据对象组织成树状的层级结构，其实现途径主要包括凝聚法和分散法两种策略。

（1）凝聚法是一种从底向上的构建方式。在这个过程中，每个数据对象最初都被视为一个独立的簇（或称为丛集）。随后，算法根据数据对象之间的相似度逐步将它们合并成更大的簇。这个过程一直持续，直到满足某个停止条件（如达到预设的簇数量、簇间的相似度低于某个阈值等），或者所有的数据对象都被合并到一个单一的簇中为止。因此，凝聚法通过从单个数据对象开始，逐步向上构建出整个簇的层级结构。

（2）相比之下，分散法则采用了一种从顶向下的构建方式。在分散法的初始阶段，所有的数据对象都被视为一个整体的大簇。然后，算法根据数据对象之间的相似度或差异性，逐步将这个大簇分裂成更小的簇。这个过程同样会一直持续，直到满足停止条件（如簇的数量达到预设值、簇内的相似度高于某个阈值等），或者每个簇都仅包含一个数据对象为止。因此，分散法通过从整体出发，逐步向下细分出各个簇的层级结构。

这两种方法各有优缺点，凝聚法通常适用于数据对象数量较少且分布较为均匀的情况，而分散法则更适合于处理大规模数据集或数据分布较为复杂的情况。在实际应用中，我们可以根据具体的数据特点和需求来选择合适的聚类方法。

3. 密度邀算法

这种方法以数据的密度作为评估同一群集（或称为簇）的主要依据，是一种灵活且适应性强的聚类算法。在算法的初始阶段，每个数据点都被视为一个独立的群集。随后，对于每个群集内的数据点，算法会基于一个特定的邻近区域半径和一个临界值来探索其周围的数据环境。

具体来说，算法会检查每个数据点的邻近区域内（该区域由半径确定）包含的其他数据点数量。如果这个数量超过了预设的临界值，那么这些邻近区域内的数据点将被视为与原始数据点足够相似，从而被归入同一个群集。这个过程会反复进行，群集的范围逐渐扩大，并通过合并相似的数据点来形成更大的群集。

如果某个数据点的邻近区域内数据点的数量未能达到临界值，那么算法会考虑增加邻近区域的半径，以扩大搜索范围并尝试找到更多的相似数据点。这种灵活的调整机制使得该算法能够适应不同形态的数据分布，并有效地处理大型数据库和复杂的群集问题。

此外，这种方法还具有过滤噪声的能力。由于它依赖于数据的密度来定义群集，因此那些孤立的数据点或噪声通常会被视为不属于任何群集，从而在聚类过程中被自然地排除在外。

然而，这种方法也存在一些缺点。其中最主要的问题是邻近区域半径和临界值这两个参数的设定。这两个参数的选择对算法的效果有着直接的影响。如果半径设置得过大，可能会导致不同的群集被错误地合并在一起；而如果半径设置得过小，则可能会导致群集内部的数据点被错误地分割开。同样，临界值的选择也需要根据数据的具体情况进行精心调整，以确保算法能够准确地识别出群集的结构。

五、时序群集

顾客的消费行为往往呈现出一种序列模式，即他们在购买某一类商品之后，经过一段时间，往往会再次购买另一类与之相关联的商品。为了深入理解和预测这种消费序列背后的规律，时序群集算法应运而生。这种算法的核心在于挖掘数据之间先后的序列关系，揭示事物发生发展的时间顺序和内在逻辑。

在时序群集算法的应用中，序列数据扮演着至关重要的角色。序列数据是由一系列按顺序排列的事件或观测值组成的数据集，这些事件或观测值之间通过时间或其他顺序关系相互关联。值得注意的是，虽然时间是序列数据的一个重要维度，但序列数据并不一定要明确包含时间戳属性；例如，用户在网站上的浏览路径就可以被视为一种序列数据，尽管它可能并不直接显示每个页面的访问时间。

时序群集算法通过将时序分析与群集技术相结合，旨在识别出数据集中那些具有相似排序模式的事件群集。这些群集不仅反映了事件发生的先后顺序，还揭示了群集内部事件之间的潜在关系。基于这些已知性质，我们可以进一步预期时序中未来事件的可能排序，为商业预测、市场分析等领域提供有力支持。

综上所述，时序群集算法是一种强大的数据分析工具，它能够帮助我们深入理解顾客消费行为的序列模式，预测未来趋势，并为企业决策提供科学依据。

时序群集的计算方式在时序群集中有三个重要的参数，分别如下。

（一）Interest

在评估规则或序列的有效性和普遍适用性时，一个至关重要的指标是 Interest，它衡量了规则或序列的实际价值及其普遍适用性。具体而言，当某一规则或序列不仅达到了较高的置信度，即在给定条件下能够可靠地预测结果，同时还展现出广泛的普遍性，即该规则或序列在数据集中频繁出现或广泛适用时，我们称之为具有较高的 Interest。为了量化这种 Interest，我们通常采用两个关键指标来衡量：Support 和 Confidence。Support 反映了规则或序列在数据集中出现的频率，即其普遍性；而 Confidence 则衡量了在满足规则或序列的前提条件下，结果发生的概率，即其置信度。因此，通过综合评估 Support 和 Confidence，我们可以更加全面地判断规则或序列的 Interest 水平。

（二）Support

（1）测量一规则在数据集中发生频率的指针，表示一规则的显著性。

（2）序列 $s=(s_1,\cdots,s_n)$，若 s 包含在一个数据序列中，则称为数据序列支持；序列 s 的 Support（s）= 包含 s 的数据序列总数/数据库中数据序列总数；若 Support（s）大于等于 min（Support），称 s 为频繁序列。

（3）时序群集目的在于找出数据库中所有频繁序列的集合。

（三）Confidence

（1）表示规则的强度，值为 0～1，当接近 1 时，表示是一个重要的规则。

（2）实施时序群集分析时，我们要事先确定最小 Support 和最小 Confidence。

六、回归分析

回归分析是一种统计方法，其核心在于运用一系列已知的数值数据来预测某个连续变量的潜在值。这种分析方法专注于连续属性的预测，不涉及离散或分类数据的预测。回归分析通过建立变量间关系的数学方程式，将研究中的变量明确区分为因变量和自变量，并据此构建函数模型。其主要目标在于两方面：一是解释数据历史中的现象，即深入剖析数据背后的规律和趋势；二是利用自变量来预测因变量在未来可能达到的具体数值，为决策制定提供科学依据。简而言之，当某一现象的变化轨迹及其分布特征已被清晰揭示后，回归分析便致力于探究导致这种变化发生的根本原因，或是评估某一现象对其他现象产生的具体影响。

（一）回归分析的分类

回归分析大致可分为以下三种。

（1）简单线性回归。仅有一自变量与一因变量，且其关系大致上可用一条直线表示。

（2）多元回归。两个以上自变量的回归。

（3）多变量回归。用多个自变量预测多个因变量建立的回归关系。

（二）回归分析的计算方式

回归模型公式如下所示。

$$Y=\beta_0+\beta_1 X+\varepsilon$$

有关误差项 ε 的假设如下所示。

（1）误差项为一随机变量，其平均数或期望值为 0，$E(\varepsilon)=0$。由于 β_0 与 β 均为常数，因此对一已知的 X 值而言，Y 的期望值 $E(Y)=\beta_0+\beta_1 X$ 称为回归方程式。

（2）对所有 X 值而言，误差项的方差均为 σ^2 。对所有 X 值而言，Y 的方差均等于 σ^2。

（3）误差项为正态分布随机变量。

七、人工神经网络

人类神经网络，作为一种深受人类神经结构启发的并行计算范式，其核心在于模拟并借鉴了脑与神经系统的复杂运作机制，从而衍生出一种高效的信息处理技术。这一模型通常被学术界和业界广泛称为平行分布式处理模型，亦或链接模型，它巧妙地融合了并行处理与分布式存储的精髓。

该模型不仅承继了人脑所具备的学习、记忆与归纳等核心智能特性，还展现出了对数据类型的高度适应性，无论是连续型还是离散型的数据，都能游刃有余地进行处理与分析。在此基础上，人类神经网络进一步发挥了其预测能力，能够基于历史数据或实时输入，对未来趋势或结果进行精准预判。

尤为重要的是，人类神经网络能够充分利用系统输入与输出之间所构建的数据关联，通过复杂的非线性映射关系，自动学习和构建出输入与输出之间的深层模型。这一过程不仅实现了对系统行为的有效模拟，更为解决复杂问题、优化决策过程提供了强有力的技术支持。

（一）人工神经网络分类

常见的人工神经网络模型大致可分为以下四大类。

1. 监督式学习网络

在解决实际问题时，我们首先从给定的问题情境中提取出训练样本集，这些样本包含了输入变量与对应输出变量的具体数值。通过深入分析这些样本，我们可以训练机器学习模型，以学习并理解输入与输出变量之间复杂的内在关系或规则。一旦模型完成了学习过程，它便能够接收新的输入变量值，并基于已学习的关系规则，预测或推断出相应的输出变量值。

在这一过程中，多种神经网络模型展现出了强大的潜力，它们各自以独特的方式处理数据并提取特征。其中，感知机网络作为最早的神经网络模型之一，通过简单的线性函数和阈值判断来模拟神经元的基本行为。而倒传递网络，又称反向传播网络，则通过误差反向传播算法不断优化网络权重，实现了对非线性问题的有效建模。

此外，概率神经网络利用贝叶斯决策理论和 Parzen 窗函数估计概率密度，为分类任务提供了一种概率解释。学习向量量化网络则通过竞争学习机制，将输入空间划分为若干区域，每个区域对应一个输出类别。最后，反传递网络以其独特的双层结构，分别负责输入空间的量化和输出空间的映射，为无监督学习提供了一种新的视角。这些模型各有千秋，共同构成了神经网络领域丰富多样的工具箱。

2. 非监督学习网络

在处理分类问题时，我们从特定的问题域中收集训练样本，这些样本仅包含输入变量的值，而不包含明确的输出分类标签。通过运用机器学习技术，特别是无监督学习或某些形式的半监督学习，我们可以从这些输入变量值中学习到分类规则或模式。一旦模型完成了对输入变量分类规则的学习，它就能够接收新的、未见过的输入变量值，并根据所学规则自动将其分配到相应的分类中，从而提供分类信息。

在这一过程中，自组织映像图网络和自适应共振理论（ART）是两种尤为重要的模型。SOM 网络通过竞争学习和拓扑保持的特性，在输出层形成一个低维的、有序的映射图，每个神经元（或神经元组）代表输入空间中的一个区域或类别。当新的输入变量值进入网络时，它们会被映射到最相似的神经元上，从而实现分类。

另外，ART 网络则通过引入共振机制来处理输入数据，确保网络在学习的同时保持已学知识的稳定性。ART 网络能够识别并适应新的输入模式，同时避免对先前学习到的模式造成干扰，这在处理动态变化的数据集时尤为有用。通过不断地调整其内部表示，ART 网络能够在新样本中输入变量值后，迅速且准确地提供分类信息。

3. 联想式学习网络

在处理复杂系统或模式识别任务时，我们首先从具体问题中提取出训练样本，这些样本仅包含状态变量的值，它们代表了系统在不同时间点或条件下的状态描述。通过深度分析和学习这些状态变量值，我们能够揭示出系统内在的记忆或关联规则。这些学习到的规则随后被应用于新的、可能不完整的状态变量值案例中，以推导出缺失的部分，从而恢复或预测出完整的系统状态。

在这一领域，霍普菲尔网络和双向联想记忆网络（BAM）是两种极具代表性的模型。霍普菲尔网络以其独特的能量函数和动态更新规则，能够在存储多个稳定状态的同时，通过网络的自组织过程恢复受损或模糊的信息。它特别适用于处理那些具有大量相互关联和依赖性的状态变量系统。

另外，双向联想记忆网络则通过其独特的双向连接结构，实现了输入与输出之间的双向联想能力。这种网络不仅能够根据部分输入信息回忆起完整的输出状态，还能在给定输出反馈时反推出可能的输入状态。这种特性使得 BAM 在解决不完整信息下的模式识别和预测问题中展现出独特的优势。因此，在面临新案例时，无论是霍普菲尔网络还是双向联想记忆网络，都能凭借其内在的记忆规则，有效地推导出完整的状态变量值。

4. 最适化应用网络

针对问题设计变量值，使其在满足设计限制下，达到设计目标优化的效果，包括霍普菲尔坦克网络及退火神经网络。

（二）人工神经网络的优点

人工神经网络，这一前沿而充满活力的研究领域，正以其巨大的发展潜力引领着技术创新的浪潮。尽管在探索的征途中仍面临诸多未解之谜与挑战，但其展现出的多重优势无疑为众多领域带来了革命性的变革。首先，人工神经网络具备卓越的抗噪能力，即便在输入数据存在部分缺失或噪声干扰的情况下，也能精准识别并处理样本，展现出其强大的适应性和鲁棒性。其次，其分布式数据存储的特性确保了系统的高可靠性，即便部分神经元受损，整体网络仍能保持正常运行，这种容错性设计极大地增强了系统的稳定性和可用性。

此外，人工神经网络还擅长并行处理，能够同时处理多个输入信号，显著提高了处理速度和效率。更令人瞩目的是其持续学习的能力，网络能够不断学习新的知识和概念，随着经验的积累不断优化自身性能，这一特性为智能系统的不断进化提供了可能。在智能机器的设计中，人工神经网络更是提供了一个更加贴近生物智能的模型框架，为构建更加智能、自主的系统奠定了坚实基础。

值得一提的是，人工神经网络已经在多个传统方法难以攻克的领域取得了显著成就，特别是在视觉识别等复杂问题上展现出了非凡的能力。同时，其作为联合记忆的潜在实现者，也为信息存储与检索方式带来了新的思考。更为重要的是，人工神经网络为研究人脑工作机制提供了一个强有力的工具，通过模拟和探讨神经网络的行为，我们得以更深入地理解人类智能的本质。综上所述，人工神经网络无疑是未来科技发展中不可忽视的重要力量。

（三）人工神经网络的架构

人工神经网络的架构精妙地融合了神经元、层与网络三个核心要素。这个系统由大量基础神经元构成，它们通过精心调整的权重紧密相连，共同编织成复杂的信息处理网络。神经元，作为神经网络的基本细胞，扮演着数据接收、处理与传递的关键角色。它们被巧妙地组织成层状结构，包括输入层、隐藏层和输出层，这三者紧密协作，共同构成了神经网络的核心骨架。

输入层，作为神经网络的门户，负责从外界环境接收原始数据或特征信息。这一层的神经元如同信息的搬运工，它们不直接参与计算，而是将收集到的信息准确无误地传递给后续的隐藏层。隐藏层，则位于输入与输出之间，是神经网络进行复杂分析与模式识别的秘密花园。这里的神经元通过错综复杂的连接，对输入数据进行深度挖掘与加工，力求找到数据背后的隐藏规律，从而更好地适应并预测数据变化。

最终，输出层作为神经网络的终端，负责将处理结果以特定形式呈现给外部系统。每个输出单元都对应着一种分类或预测结果，它们共同构成了神经网络对输入数据的最终响应。而神经网络的学习过程，实质上就是通过不断调整神经元之间的连接强度

（权重），来优化输出结果的过程。当输出值符合预期时，相关连接强度保持稳定；若输出有误，则根据错误类型相应增强或减弱连接强度，直至达到满意的收敛效果。

然而，关于如何确定神经网络的最优层数，目前尚缺乏统一且普适的标准方法。这既是神经网络研究中的一个挑战，也是推动其不断向前发展的动力所在。随着技术的不断进步和理论的持续深化，我们有理由相信，未来将会涌现出更多高效、智能的神经网络架构，为人类解决更复杂、更棘手的问题提供有力支持。

（四）人工神经网络的计算方式

人工神经网络的整体功能运作核心可被划分为两个关键阶段：学习过程与预测过程。学习过程是这一智能系统的基石，它遵循特定的学习算法，通过对大量样本的深入分析与学习，动态调整网络内部各链接之间的加权值，以实现对数据特征的精准捕捉与表达。这一过程不仅奠定了神经网络智能决策的基础，也确保了其在面对新数据时能够做出准确预测。

进入预测过程，人工神经网络则充分利用学习过程中累积的加权值作为网络链接的关键参数，依据精心设计的预测算法，对输入条件进行细致分析，并据此推断出与之对应的输出结果。这一过程体现了神经网络强大的泛化能力与实际应用价值，使其能够在众多领域展现出卓越的性能。

而这一切复杂而精细的运作背后，是由无数人工神经细胞（或称“类神经元”“人工神经元”“处理单元”）所构成的神经网络体系在默默支撑。这些人工神经细胞作为神经网络的基本构建块，各自承载着特定的信息处理任务，通过相互之间的连接与协作，共同完成了从学习到预测的完整流程，展现了人工神经网络非凡的智能与潜力。

八、时间序列

在探索生物现象时，我们常会遇到一类特殊的数据，它们随着时间的推移展现出一种规律性的变化模式，这类数据被称为时间序列数据。针对这类数据的独特性质，我们采用了一种专门的分析方法——时间序列分析法，该方法亦被称为内相关回归，旨在从数据的时间维度中挖掘出潜在的规律和趋势。

时间序列分析的核心在于利用变量过去的观测值来预测其未来的变化。这一过程与回归分析有相似之处，两者都旨在通过已知的信息来推测未来的状态，但时间序列分析更侧重于捕捉数据随时间变化的内在关联性和动态特性。为了实现对未来值的准确预测，时间序列分析法通常会在连续的时间序列中选定一个时间窗口，作为分析的基本单位。这个时间窗口内的数据被视作一个整体，用于构建预测模型。随后，通过让这个时间窗口在时间轴上滑动，我们可以收集到一系列这样的数据单元，从而构建出模型训练所需的完整数据集。这一过程不仅确保了数据的时效性和连续性，也为模型的构建和验证提供了丰富的信息基础。

（一）时间序列分析的特点

在数据分析与预测的广阔领域中，我们常面临以下几项关键任务：

首先，对数列的未来趋势进行准确预测是核心目标之一。这要求我们不仅能够识别数列中蕴含的历史模式，还要能够运用这些模式来合理推测其未来的发展方向。这种预测能力对于制定战略规划、评估市场风险等方面具有不可估量的价值。

其次，将数列细致分解为两大核心成分——主要趋势成分与季节变化成分，是深入理解数列特性的重要步骤。主要趋势成分揭示了数列随时间推移而呈现的长期、稳定的变化方向；而季节变化成分则刻画了数列因季节更迭而出现的周期性波动。这样的分解有助于我们更清晰地把握数列的动态特征，为后续的建模与分析奠定坚实基础。

最后，对理论性模型与观测数据之间的拟合优度进行严格检验，是评估模型有效性的关键环节。这一过程旨在探讨模型是否能够准确地捕捉并表达所观测到的现象本质。通过比较模型预测结果与实际观测数据之间的吻合程度，我们可以判断模型是否足够精确、可靠，是否能够为我们提供有价值的见解和预测。在经济领域，这一步骤尤为重要，因为经济模型的正确与否直接关系到政策制定、投资决策等关键环节的成败。

（二）时间序列的架构

我们经常将时间序列视为由几种成分组成，通常时间序列系由四个成分——趋势、循环、季节与不规则组成，而构成特定值。

1. 长期趋势

时间序列分析的观测数据，其采样频率可灵活设定，涵盖了从每小时、每日、每周、每月、每年，乃至任何遵循特定规律的时间间隔。本部分聚焦于处理那些记录值来自均等时间区间的序列，对于非均等区间观测值的处理则不在本讨论之列。尽管时间序列数据在短期内常展现出随机的波动特性，但拉长视角观察，这些数据往往呈现出一种渐进式的变化趋势，即在一定范围内上下浮动。这种长期性的渐变趋势，通常源于一系列深远因素的影响，包括但不限于人口结构的变化、人口统计特征的演进、工业技术的革新，以及消费者偏好的转移等。我们将这一现象统称为时间序列的趋势，它是时间序列分析中一个至关重要的概念。

2. 循环变动

在预测时间序列的未来值时，我们必须认识到，并非所有值都会精确地落在趋势线上。实际上，时间序列的数值变动常常会在趋势线的上下方波动。当这种上下波动展现出超过一年的规律性时，我们可以将其视为时间序列的循环成分。循环成分的存在意味着，在趋势线的基础上，时间序列还受到周期性因素的影响，导致观测值有规律地在趋势线上方和下方交替出现。

在经济学领域，这种循环现象尤为常见，它反映了经济活动中多年的周期性波动。通过识别和分析时间序列中的循环成分，我们可以更深入地理解经济周期的运作机制，从而为政策制定和市场预测提供有力支持。因此，在时间序列分析中，除了关注趋势成分外，循环成分同样是一个不可忽视的重要因素。

3. 季节变动

尽管时间序列的趋势与循环成分通常需要基于多年数据的深入分析才能得以辨识，但仍有不少时间序列在更短的时间尺度内，即一年内，就展现出规则的变动模式。例如，对于游泳池制造商而言，他们可以根据过往经验预测到，在秋冬季月份由于天气转凉，游泳活动减少，其销售额会相对低迷；而到了春夏季，随着气温回升和游泳需求的增加，销售额则会显著提升。相反，除雪器材及厚衣制造商的销售预期则呈现出完全相反的季节性波动。这种随着季节更替而自然发生的时间序列变动，我们称之为季节成分。

值得注意的是，季节成分的影响并不局限于年度周期。实际上，它常常被用来描述任何在短于一年的时间内重复出现的连续变动模式。比如，城市交通流量就展现出了日内的“季节”特征，高峰时段道路拥堵不堪，白天其他时段相对缓和，而到了午夜至凌晨，则流量降至最低。这些现象都充分说明了季节成分在时间序列分析中的广泛存在及其重要性。

4. 不规则变动

在时间序列分析中，我们尝试通过趋势、循环和季节等成分来全面描绘一个时间序列时，难免会存在实际观测值与理论预期值之间的差异，这种差异即为时间序列的不规则成分。它代表了时间序列中那些无法被趋势、循环或季节模式所解释的随机波动。这些不规则成分往往源于短期内的不可预知因素或非重复性事件，它们对时间序列的影响具有不确定性和随机性。

由于不规则成分本质上反映了时间序列的随机变动特性，因此它们通常难以被准确预测。我们既无法提前预知这些随机因素何时会出现，也无法准确估计它们对时间序列的具体影响程度。这种不确定性使得时间序列分析变得更加复杂，但也提醒我们在实际应用中需要保持谨慎，充分考虑随机波动可能带来的风险。

（三）时间序列的计算方式

1. 相加模型：$Y=T+S+C=I$

在构建时间序列分析模型时，我们通常会遵循一系列特定的规则与假设，但这些规则在实际应用中可能存在一定的局限性。首先，模型中的所有数值均被要求以原始单位表示，以确保分析的一致性和可比性。其次，关于各成分对目标变量 Y 的影响方向，我们有明确的判断标准：若季节成分 S 大于 0，则意味着季节变动对 Y 有正面的促进作用；若循环成分 C 小于 0，则表明循环波动对 Y 产生了负向影响；同理，若不规则成分 I 小于 0，则揭示了某些随机事件对 Y 构成了负面冲击。

然而，这些成分相加构建的时间序列模型（如相加模 S）存在一个显著的缺点，即它假设了各个成分之间是相互独立的。这一假设在理想化的理论环境中或许成立，但在现实生活中，各成分之间的变动往往是相互关联、相互影响的。例如，季节性的变化可能会引发消费者行为的改变，进而影响循环波动和随机事件的发生频率与强度。因此，在经济活动的复杂环境中，这种假设过于简化的模型往往难以准确反映实际情况，其适用性和预测能力也因此受到限制。

2. 相乘模型：$Y=T\times S\times C\times I$

在构建时间序列分析模型时，我们采取了一种更为灵活的数据表示方式。首先，模型中的基本趋势成分以原始单位表示，以直观反映时间序列的长期走向。而循环成分 C、季节成分 S 和不规则成分 I 则采用百分比形式来表示，这样做可以更清晰地展示这些成分相对于趋势值的增强或减弱效果。当 C、S、I 的值大于 1 时，意味着它们各自对时间序列的影响超过了趋势值，即产生了正向的放大效应；反之，若小于 1，则表示其影响相对较弱，低于趋势值。

其次，我们采用了相乘模型来整合这些成分，这一模型的核心假设是各个成分之间并非孤立存在，而是相互影响、相互作用的。这种假设更符合现实世界的复杂性，因为经济、社会等因素的变化往往不是单一因素所能解释的，而是多个因素交织作用的结果。

值得注意的是，由于季节变动通常具有年度周期性，因此在处理年度数据时，相乘模型可以简化为 $Y=T\times C\times I$ 的形式，即只考虑趋势、循环和不规则成分的影响，而暂时忽略季节成分，因为在一个完整的年度周期内，季节变动的影响会相互抵消，从而达到一个相对稳定的状态。这种处理方式有助于我们更专注于分析长期趋势和其他非季节性因素的影响。

第五章
机器学习与深度学习

第一节　机器学习

一、机器学习的概念

机器学习，这一前沿科技领域，其核心在于赋予机器从浩瀚的数据海洋中自主发掘并掌握潜在规则的能力，进而依据这些习得的规律对未知数据进行精准预测。在浩瀚的网络空间中，关于机器学习的定义林林总总，每一种都试图捕捉这一复杂概念的本质，却也因视角不同而各有侧重。在众多表述中，有一个定义尤为适合初学者入门，它简洁而直接地将机器学习概括为“让机器通过学习数据中的规律来预测未知”的过程。这里的关键词“学习”，恰如其分地揭示了机器学习的精髓——它是一个动态、持续的知识获取与应用过程，其驱动力源于数据，而最终目标是揭示数据背后隐藏的模式与趋势，为未来的预测与决策提供坚实支撑。

(一）机器学习的认识

机器学习，作为一门融合了概率论、统计学与优化理论等深厚数学根基的学科，其理论体系严谨且成熟，已在全球范围内的高等教育机构中被确立为独立课程，引起了来自数据科学、统计学、计算机科学、应用数学、运筹学及工程学等多领域学子的浓厚兴趣。在学术研究领域，机器学习持续激发着科研人员的创造力，每年产出的相关论文数量庞大，成为数理学科探索的前沿阵地之一。

同时，机器学习也是一项被广泛应用的核心技术，尤其受到数据科学家的青睐，成为他们工具箱中的利器，在数据分析实践中发挥着不可替代的作用。在职业领域，数据科学家作为21世纪的热门职业，其专业技能中机器学习占据着举足轻重的地位，而“机器学习工程师”这一专职岗位更是直接体现了对机器学习技术的深度应用与追求。随着大数据时代的到来，信息量与数据量的井喷式增长激发了人类对未知探索的无限渴望，机器学习技术因此得以更广泛地“接地气”，展现出其巨大的实用价值。

值得注意的是，机器学习远不止于一系列算法的堆砌，它是一种系统性的问题解决策略。算法或模型，仅是连接输入与输出之间的桥梁，而机器学习真正的价值在于它涵盖了从数据预处理、特征工程到模型训练与评估的完整流程。忽视数据清洗、特征提取与数据分析等关键环节，直接套用模型的做法，无异于舍本逐末，难以真正解决问题。因此，深入理解并实践机器学习的全链条流程，才是掌握这项技术的关键所在。

（二）机器学习的本质

与人类的思维过程相类似，机器学习通过海量数据的滋养（训练过程），逐渐积累了丰富的经验（形成了模型），进而拥有了预测未知事物的能力。这种预测能力，从根本上讲，就是构建了一个从输入到输出的映射关系。

想象一下，当我们给予机器学习系统一个输入，无论是清晰的语音片段、生动的图片画面，还是复杂的数据集，它都能够迅速地在内部构建出一个函数，这个函数就像是一座桥梁，连接着输入的起点与输出的终点。这个函数的本质，就是一种特定的对应关系，它定义了输入如何被转化为输出。

机器学习的核心使命，就是不断地寻找、优化这个函数，以期能够最准确地揭示出从输入到输出的内在规律。这个过程，就像是一位科学家在无尽的探索中，不断试错、不断修正，直至发现那个能够完美解释现象、预测未来的“万能公式”。

因此，当我们将一个全新的输入提交给机器学习系统时，它便能够利用已经学到的函数（规律），迅速而准确地生成出对应的输出结果。这种能力，不仅极大地扩展了计算机的应用范围，也使得人工智能在各个领域展现出了前所未有的潜力和价值。

综上所述，机器学习就是通过大量训练来积累经验、构建函数，并据此实现对新事物的预测和生成的过程。这个过程充满了挑战与机遇，也是人工智能领域持续探索和发展的重要方向。

（三）机器学习的重要术语

1. 数据集、特征和标签

数据集是由一系列样本（也称为“实例”或“示例”）构成的集合，每个样本实质上是对某一现象或事件的一次观测记录，这些记录在表格结构中通常以行的形式展现。在机器学习的语境下，行、记录与样本这三个概念在本质上是等同的，都指代着数据集中包含的一个个独立观测单元。

当我们聚焦于顾客给予小费的具体情境时，小费这一数据列自然而然地成了我们分析的核心——结果变量，它在不同文献中可能被称为因变量、函数值、目标、标签或响应值，但本质上都指向同一概念，即我们试图预测或解释的对象。在机器学习的实践中，这一变量常被简洁地称为“目标”，而其对应的数据则被称为标签数据。

与此同时，表格中的其他列所代表的变量在统计学中被称为自变量，而在机器学习的领域里，它们更常被冠以“特征”之名。特征与目标共同构成了数据集的基本框架，它们在表格中分别以列的形式清晰呈现，共同支撑起数据分析与机器学习模型构建的基础。

2. 监督式学习和非监督式学习

在机器学习的广阔领域中，并非所有任务都能享受到标签数据的指引，这类无标签数据引导的学习任务被冠以非监督式学习之名。与之相对，那些幸运地拥有标签数据相伴的学习任务，则被称为监督式学习，它们构成了机器学习探索道路上的两大分支。

在监督式学习的框架下，问题依据目标变量的性质进一步细分为回归任务与分类任务。当目标变量展现出连续变化的特性，如温度波动、价格起伏时，我们面临的是回归问题，其核心在于构建一个模型，以精准预测这些连续变量的未来走向。而当目标变量以离散的形式呈现，如植物毒性的有无、贷款违约的可能、员工部门的归属等，分类问题便应运而生，其目标在于将输入数据准确无误地划分至预定义的类别之中。

然而，当数据世界的大门向我们敞开，却未附带任何标签作为指引时，非监督式学习便成了我们探索未知、发现数据内在结构的强大工具。在这一领域，聚类以其独特的魅力脱颖而出，它凭借对样本数据分布特性的深刻洞察，将数据自动划分为若干个紧密相关的群组，每个群组内部的数据点相似度较高，而不同群组间的数据点则差异显著。这一过程不仅揭示了数据的隐藏结构，更为我们理解数据的本质提供了宝贵的视角。

3. 强化学习和迁移学习

强化学习，这一独特的机器学习方法，独立于传统的监督学习与无监督学习框架之外，尽管最初并未明确归类于机器学习的主流分类之中，但随其理论的深化与应用的拓展，现已被广泛接纳为机器学习的第三大支柱。强化学习的核心理念根植于“行动 - 反馈”这一闭环自我学习机制，其中“反馈”作为核心要素，是指学习体在执行动作后所获得的奖励信号，这一奖励直接基于其行动的效果，而非外部预设的标准。

与监督学习显著不同的是，强化学习是一种完全依赖自身经验积累的学习模式，它不依赖外部监督者或教师来直接告知何为正确答案，而是通过不断试错与接收环境对于其行动的即时反馈来优化自身行为。换言之，在强化学习中，“强化”的本质即对学习体行动成效的直接评估与激励，这一机制促使学习体持续调整策略，以期最大化累积奖励，从而实现对环境的最佳适应。

强化学习，这一领域的探索，恰似人类初生时对未知世界的勇敢迈进，它让机器在不断试错与自我调整中，逐步摸索出最优的行为路径。在充满挑战与变数的游戏 AI 领域，强化学习展现出了其独特的魅力。试想一个射击游戏中的智能机器人，它需要学会如何在枪林弹雨中灵活闪避，精准把握开枪与换弹的微妙时机。这样的任务，若仅凭传统的机器学习手段，无疑会陷入漫长而复杂的训练泥潭之中，因为游戏的动态性与不确定性为学习带来了无尽的变数。然而，强化学习以其独特的反馈机制，巧妙地解决了这一难题。通过设定明确的奖惩规则——“未能躲避子弹”即惩罚，“成功杀敌”则为奖赏，机器便能在无数次的尝试与调整中，逐渐摸索出一套高效且适应性强的行动策略。

另外，迁移学习作为一种高效的学习策略，正日益受到机器学习领域的广泛关注。它打破了传统学习模式的界限，实现了知识在不同任务之间的有效传递与共享。在现实世界中，许多看似不同的机器学习问题，实则蕴含着深层次的联系与相似性。以图像识别为例，无论是识别普通的狗还是特定品种的哈士奇，两者在视觉特征上无疑存在着共通之处。因此，一个已经训练成熟的识别狗的模型，其学习到的参数与经验，便可以作为宝贵的资源，被迁移到识别哈士奇的任务中，从而使后者能够站在一个更高的起点上，快速而高效地展开学习，大大缩短了从零开始的学习周期。

值得注意的是，迁移学习并非是对机器学习分类体系的一次革新，而是一种旨在加速学习进程、提升学习效率的实用策略。特别是在深度学习这一前沿领域，迁移学习的应用更是显得尤为重要。由于深度学习模型通常规模庞大、参数众多，其训练过程往往需要消耗大量的计算资源与时间成本。而迁移学习的引入，则为这一问题提供了有效的解决方案，使得深度学习模型能够在更短的时间内达到更高的性能水平。

4. 特征数据类型

（1）数值型，如长度、温度、价格等。

（2）分类型，如性别。

（3）文本，如姓名、地址等。

（4）日期，如2023－08－26。

5. 训练集、验证集和测试集

在机器学习的实践过程中，对数据集进行合理划分是至关重要的，这通常涉及三个部分：训练集、验证集和测试集。训练集，顾名思义，承担着模型参数学习与规则构建的重任，是机器通过反复“学习”来掌握样本特性的关键资源。测试集，则扮演着评估已训练模型性能的角色，其目的在于检验模型在面对未知数据时的泛化能力，类似于学生在完成学习后通过考试来检验自已的真实水平。

设立测试集的必要性在于避免过拟合现象，即模型过于紧密地拟合了训练数据的特征，导致在训练集上表现优异，却在新数据集上表现不佳。为了更公正、客观地评估模型，我们需要独立于训练过程的测试集来验证模型的泛化能力。

然而，仅仅有训练集和测试集还不足以支撑起模型调优的全过程。验证集的存在填补了这一空白，它专门用于模型的选择与参数调整。在模型构建初期，我们会尝试多种不同的模型架构或参数配置，这时验证集就作为一个公正的裁判，帮助我们筛选出表现最优的模型版本。尽管从表面上看，测试集似乎也能完成这一任务，但严格意义上讲，测试集应保留至最后，用于对最终确定的模型进行无偏见的性能评估。因此，验证集的角色更像是考前的一次全真模拟，让我们有机会在不影响最终考试成绩的情况下，充分检验和调整自己的备考策略。

二、机器学习系统

（一）机器学习的分类

1. 按学习策略分类

在机器学习的广阔领域中，存在着多种不同的学习方式，它们各自以其独特的方式促进着知识的积累与技能的提升。首先，记忆学习作为一种直接而高效的方法，它无须复杂的推理或知识转换过程，而是直接将专家知识以规则的形式输入机器中，通过计算机语言进行描述与实现。这种方法的特点是“有多少写入多少”，系统本身并不进行学习，而是直接利用这些知识进行工作，不做任何修改。

其次，与记忆学习不同，传授学习与指点学习则更加注重从外部来源获取知识。这些学习方式要求系统能够在其原有的知识结构基础上，将新输入的知识转换为自身的内部表示形式，并将其与原有的知识有机地融合为一体。无论是通过机械式学习还是其他学习方式获得的初始知识结构，都能为传授学习与指点学习提供坚实的基础。

再次，演绎学习则是一种基于现有知识推导新知识的方法。它通过分析现有知识中与所要产生的新概念或技能相似的部分，将这些部分进行转换或扩展，以适应新的情况，从而取得新的事实或技能。这种方法实际上是大量知识的总结与推广，它让机器能够在已有知识的基础上，通过逻辑推导获得新的认知。

复次，归纳学习则是一种从具体到一般的学习方法。它通过给学习者提供某一概念的一组正例和反例，让学习者从中归纳出一个总的概念描述。这个描述需要能够适用于所有的正例，并排除所有的反例。基于实例的学习方法是归纳学习中研究较多的一种，它通过具体实例的学习来构建对一般概念的理解。

最后，类比学习作为演绎学习与归纳学习的巧妙结合，它融合了两种学习方式的优点。在类比学习过程中，系统需要匹配不同论域的描述、确定公共的结构，以此作为类比映射的基础。寻找公共子结构的过程类似于归纳推理，而实现类比映射则类似于演绎推理。这种学习方式让机器能够在不同领域之间建立联系，通过类比来发现新的知识与规律。

2. 按照实现途径分类

（1）符号学习

符号学习作为一种核心的学习方法，其核心在于运用符号处理技术来驱动知识推理与学习。这一方法涵盖了广泛的学习策略，诸如机械学习、指导学习、解释学习、类比学习、示例学习及发现学习等，它们共同构成了符号学习丰富多彩的框架。符号处理技术，本质上是一种依托符号演算来实现知识推理与学习的技术路径，它要求将人类可理解的知识转化为计算机能够识别与处理的符号体系，这一转化过程是知识向机器智能传递的关键桥梁。

正是基于这种符号化表示的能力，智能系统得以诞生并发展，使机器能够模拟甚至超越人类的某些智能行为。因此，符号处理不仅是传统人工智能研究领域的基石，也是知识工程构建中最为基本且至关重要的技术之一。长久以来，这一领域始终吸引着人工智能研究者们的浓厚兴趣与不懈努力，持续推动着人工智能技术的边界拓展与深化。

（2）连接学习

连接学习，亦称“神经网络学习”，其灵感源自生物神经网络的结构与功能，是机器学习领域中的一个独特分支。它专注于神经网络技术的探索，这一技术旨在研究多种神经网络模型及其高效的学习算法。当前，神经网络技术已成为人工智能研究中一个极其活跃且充满潜力的方向，引领着智能计算的新潮流。

将机器学习划分为符号学习与连接学习两大阵营，其根本原因在于两者构建知识体系的理论基础和方法论存在显著差异。符号学习植根于符号逻辑与规则体系，其前提是拥有丰富的先验知识，这些知识多由人类专家经过长期实践总结得出，包括一系列“事实”及其背后的“规则”。这种学习模式强调知识的可解释性与可读性，因为知识的获取与应用均需人的深度参与。

相对之下，连接主义导向的神经网络学习则侧重于从大量具体事实中提炼模式，通过反复观察与迭代学习来构建知识网络。尽管在某些情况下仍需人工对事实进行分类与标注，但神经网络并不依赖人类对事实的明确解释。其学习过程所形成的知识结构往往复杂且难以直观理解，对使用者而言，系统就像是一个执行神秘变换的“黑箱”，尽管能准确输出预期结果，但其内部运算机制却难以窥探。这种差异不仅反映了两种学习范式在知识表示与处理上的根本不同，也预示了它们在各自适用场景与未来发展方向上的潜在差异。

（二）机器学习系统概述

简而言之，机器学习系统是一种具备自我学习能力的软件平台，其核心在于能够在预设的学习环境中不断汲取新知，进而运用这些知识解决实际问题，并在此过程中持续优化自身的性能表现。这一系统精妙地融合了四个基本组成环节，共同构建了一个高效运转的学习与执行体系。

首先，环境与知识库作为系统的两大信息基石，分别承载着外界信息的输入与内部知识的积累功能。环境以多样化的形式提供着源源不断的数据与信息，为系统学习提供了丰富的素材；而知识库则是以特定的知识表示方式存储着系统已经掌握的知识与经验，是系统智慧与能力的集中体现。

其次，学习环节与执行环节则构成了系统运作的两大核心过程。学习环节如同系统的智慧引擎，它不断地从环境中捕获信息，通过复杂的处理机制将这些信息转化为更为精炼、更为有效的知识，并不断地丰富与更新知识库中的内容。这一过程不仅提升了系统的认知水平，更为其后续执行任务奠定了坚实的基础。

再次，而执行环节则是系统展现其智慧与能力的舞台。它根据知识库中的知识，灵活地应对各种任务与挑战，将抽象的知识转化为具体的行动与成果。同时，执行过程中产生的新信息与反馈也会被及时地回送给学习环节，为系统的进一步学习提供宝贵的资源与指导。

最后，机器学习系统通过其独特的组成环节与运作机制，实现了从环境到知识、从学习到执行的完整闭环，为机器的智能化发展开辟了广阔的道路。

下面我们讨论系统中的各个环节。

1. 环境

环境在不同系统中扮演着关键角色，它既可以作为工作对象，也可以包含工作对象与外界条件。在医疗系统中，环境通常是指病人当前的症状、检验的数据和详细的病历记录；在模式识别的应用中，环境则是待识别的目标图形或景观；而在控制系统的范畴内，环境则涉及受控的设备或整个生产流程的动态状态。这些环境所提供给系统的信息，其水平与质量，对于学习系统的影响深远。

信息的水平指的是信息的一般性程度，这决定了它的适用范围和泛用性。信息的抽象程度高，通常意味着其适用于更为广泛的领域和问题；反之，信息的具体化则意味着它更适合解决特定或个别问题。环境所提供的信息水平与执行环节所需的信息水平之间，往往会存在差异。为了弥合这一差异，学习环节的关键任务之一便是解决信息水平的适应问题。如果环境提供的信息较为抽象且层次较高，那么在执行环节中，学习系统需要通过补充遗漏的细节来应对具体情况。相反，若环境提供的信息具体且层次较低，学习过程则需从特定实例中归纳出普遍适用的规则，以便于应对更广泛的任务需求。

信息的质量则包含了正确性、适当选择和合理组织三个维度。高质量的信息对于降低学习难度至关重要。例如，若系统接收到的示教例子准确无误，并且在提供示例时考虑了合理的顺序和结构，系统更容易进行有效的归纳学习。然而，如果示教例子中存在错误或干扰信息，或者示例的排列和呈现缺乏逻辑性，那么系统可能会遇到困难，难以有效地从例子中学习到正确的规则和模式。

因此，理解并妥善处理环境信息的水平与质量，对于设计高效、适应性强的学习系统至关重要。通过精确地分析和筛选信息，以及合理地组织学习过程，我们可以显著提升系统的学习效果和应用效能。

2. 知识库

影响学习系统设计的第二因素是知识库的形式与内容，其中知识表示形式的选择至关重要。常见的表示方法包括特征向量、谓词演算、产生式规则、过程、LISP 函数、数字多项式、语义网络和框架等，每一种方法都有其特定适用场景及优缺点。

首先，我们来探讨可表达性的差异。特征向量适用于描述缺乏内在结构的事物，它通过一个固定的特征集合对事物进行表述。而谓词演算则更适合于描述结构化的知识，能够精确地表达实体之间的关系和属性。

其次，推理难度也是一个重要考量。比较特征向量的等效性相对较为简单，而判断两个谓词表达式是否等效则通常需要更多的计算资源和时间，这反映出两者的差异。这种差异在构建推理机制时需要被考虑到。

再次，在讨论可修改性时，特征向量和谓词演算作为显式表示方法，在知识更新上更为灵活，修改相对便捷。相比之下，一些过程或框架等隐式表示法由于其内部结构的复杂性，可能会增加修改的难度。

最后，对于可扩充性，学习系统设计往往需要考虑知识库的扩展能力。系统应能通过增加词典条目、引入新的表示结构等手段，以适应学习更复杂知识的需要。例如，自动机模型等系统就能够基于已有概念定义新概念，这展示了其强大的知识扩充能力。初始知识库的作用在于为系统提供理解环境信息的基础框架，帮助系统根据新输入信息形成或改进假设，最终实现知识的动态更新和系统功能的不断完善。这一过程是学习系统对原有知识库的一种动态补充和优化，体现了其核心设计目标之一——自我提升和适应能力的强化。

3. 执行环节

学习环节的核心目标是依据执行环节的表现来调整和优化行为，以提高执行环节的效率和准确性。执行环节的特性，如其复杂性、反馈机制及透明度，直接决定了学习环节的有效性和适应性，进而影响到整个系统的性能提升。

复杂的任务通常需要更加丰富和深入的知识结构。最简单的任务，如二元分类问题，往往只需要一条或几条规则即可解决，例如玩扑克的程序可能基于某些简单的策略，如直觉或经验规则，进行决策。然而，更复杂的问题，如医疗诊断中的决策支持系统，则可能需要数百甚至上千条规则来处理不同情况下的症状、病史等信息，以做出准确的诊断。

任务的复杂性也决定了学习环节的划分和处理方式。通常，我们可以将学习任务按照复杂性分为三个层次。

基于单一概念或规则的分类或预测：这类任务相对简单，通常只需要学习特定的概念或规则，然后应用到新的数据。

包含多个概念的任务：此类任务涉及更多维度的决策，可能需要学习和整合多种相关知识或规则。

多步执行的任务：这类任务要求系统具备计划和决策能力，能够基于一系列规则或策略完成一系列连贯的操作，如棋类游戏中的下棋。

有效的反馈机制对于学习环节至关重要。学习系统通过执行环节的行为及其结果得到反馈，以此评估和调整自身的决策策略。传统的反馈方式之一是使用独立的知识库进行评价，这种方法通过应用启发式规则或预先定义的标准来评估新概念或规则的重要性。另一种常见的方式是采用环境作为执行标准，通过比较预期与实际执行的结果来评价当前假设的合理性。

执行环节的透明度对于提高学习效率尤其关键。当执行环节能清晰地呈现其决策过程，包括考虑的所有选项而非仅限于实际执行的选择时，学习环节能够更有效地分析和学习这些决策背后的原因。例如，在棋类游戏中，如果执行环节提供了考虑的所有潜在走法，而不仅仅是实际走法，学习环节就能够更好地分析哪些走法是合理的，从而提炼出更有效的策略。这样的透明度有助于构建更智能、更自适应的学习机制，促进系统的持续优化和进步。

三、机器学习算法

机器学习的核心目标是学习函数 $y=f(x)$，用于根据输入 x 预测输出 y，这一过程被称作预测建模或预测分析。我们的目的是使预测尽可能精确，但不幸的是，我们并不总是知道函数 f 的具体形式。如果我们知道 f 的形式，那么就无须通过机器学习算法来从数据中学习它，而是可以直接应用它。机器学习算法的目标就是学习一个最佳的目标函数 f，该函数能够最优地将输入变量 x 映射到输出变量 y。预测建模的关键目标在于最小化模型的误差或达到最佳的预测精度。

为了实现这一目标，数据科学家从统计学等多个领域借鉴并运用了各种算法。然而，面对众多的机器学习算法时，新手常会疑惑应该选择哪种算法。选择合适算法的主要考虑因素包括但不限于以下几点。

数据规模与质量：数据量越大，复杂模型往往越能获得更好的表现。同时，数据的质量直接影响着模型训练的效果。

所需计算时间：不同的算法对计算资源的需求不同。对于资源有限或时间紧迫的情况，我们可能需要选择更高效或快速收敛的算法。

任务的紧迫程度：对于实时应用或紧急需求，算法的选择需考虑到其速度与准确性的平衡点。

数据预处理需求：某些算法对数据的清洗、特征工程等前处理步骤有特殊要求，选择算法前我们应考虑这些预处理步骤的复杂性与成本。

即便是一位经验丰富的数据科学家，在没有详细了解特定数据集的情况下，也无法确定哪种算法最适合。在实际操作中，我们常常需要通过实验和试错的方式逐步探索，结合交叉验证、网格搜索等技术，来找到最佳的算法组合，以满足特定任务的需求。

（一）线性回归

线性回归可能是统计和机器学习领域最广为人知的算法之一。通过线性回归找到一组特定的权值，被称为系数 B，其通过最能符合输入变量 x 到输出变量 y 关系的等式所代表的线表达出来。

例如，$y = b_0 + b_1 \times x$。我们针对输入的 x 来预测 y。线性回归学习算法的目标是找到 b_0 和 b_1 的值。不同的技巧可以用于线性回归模型，比如线性代数的普通最小二乘法及梯度下降优化算法。根据经验，这种算法可以很好地消除相似的数据，以及去除数据中的噪声，它是快速且简便的首选算法。

（二）逻辑回归

逻辑回归作为一种源自统计领域的机器学习方法，其核心目标与线性回归类似，即寻找与输入变量相关联的最佳参数。然而，逻辑回归的独特之处在于，它采用了一种名为 Logistic 函数的非线性变换来处理输出预测。Logistic 函数呈现出一个大写的“S”形曲线，能够将所有输入值转化为位于 0 到 1 的输出。这种特性使得我们可以通过设定阈值（通常为 0.5）将连续的概率输出离散化为类别标签，比如通过将预测结果小于 0.5 的实例标记为 1 类，大于等于 0.5 的实例标记为 2 类，从而实现二分类任务。

通过学习这种变换方式，逻辑回归能够提供预测结果的概率解释，即预测某个样本属于某类别的可能性大小。这种概率性的输出在决策过程中提供了额外的洞察，使得我们不仅知道一个样本更有可能属于哪一类，还能量化这种可能性的可信度。例如，在医疗诊断中，一个模型不仅可以预测某人患有特定疾病的可能性，还可以提供一个概率分数，帮助医生决定进一步的检查或治疗策略。

在特征选择方面，逻辑回归具有显著优势，它能够直观地展示每个输入特征对预测结果的影响强度和方向。通过系数的正负号和绝对值大小，我们可以轻易识别哪些特征对预测至关重要，这有助于剔除无关特征或合并高度相关的特征，从而精简模型，提高效率和可解释性。这种简洁性和透明度使得逻辑回归成为处理二分类问题时的优选模型，尤其是在需要理解决策背后的逻辑或解释性需求较高的场景中。

（三）线性判别分析算法

逻辑回归作为一种传统的二分类工具，其基础在于通过学习输入变量与二分类标签之间的关系，以概率形式输出预测结果。然而，当应用场景涉及多类分类时，寻找能够高效处理多个类别的算法便显得尤为重要。线性判别分析算法（LDA）正是在这一需求下应运而生的优秀线性分类方法之一。

LDA 的核心思想非常直观且易于理解。它主要基于每种类别数据的统计特性来进行分类决策，具体包括各类别内部数据的均值向量和整体数据集的协方差矩阵。对于单个输入变量的情况，LDA 通过计算该变量在各分类下的期望值与总体期望值的差，形成一种判别分数，进而依据这个分数的最大值进行预测分类。这种方法在假设数据遵循高斯分布的情况下表现出色，因为高斯分布能有效地刻画数据集中大部分样本的聚集情况，同时通过设定合适的阈值，可以较为精确地剔除异常值或离群点。

LDA 之所以能够成为处理多分类问题的有效工具，不仅在于其基于统计特性的简洁性和高效性，还在于它在一定程度上减轻了过拟合的风险。通过最大化不同类别间的分离度，LDA 能有效地利用数据的内在结构信息，从而在保证模型泛化能力的同时，提升分类准确率。此外，LDA 对数据维度的依赖较小，即便在特征数量较多的情况下，其仍能保持良好的性能。因此，对于需要对多个类别进行区分的预测问题，LDA 提供了一种简单而有效的解决方案。

（四）决策树

决策树是一种广泛应用于机器学习领域的预测建模技术，它的核心逻辑和运作机制可以通过构建一个二叉树模型来直观地理解。这种模型本质上是一系列决策规则的集合，每一组规则都代表了一个判断节点（树中的节点），而这些节点通过特定的路径相互连接，形成了一个从根节点到叶节点的决策流程。

在决策树中，每个节点代表一个特征或属性（假设为数值变量），用于划分数据集。节点的子节点进一步细化这个划分过程，直到达到某种终止条件为止，比如达到了预设的最大深度、节点内的数据数量不足一定阈值或是所有样本在同一类等。这一系列的决策和划分最终导向树的叶节点，也就是决策结果或预测输出的位置。

叶节点包含的是预测模型的最终结果，比如在分类任务中，它可以是一个类别标签；在回归任务中，则是一个连续值。通过从根节点开始，沿着符合特定特征值的路径向下遍历，我们能逐步缩小数据集，直至最终定位到某个叶节点，并得到该节点代表的预测值。

决策树的优点之一是其可解释性强，直观展现了特征之间的关系及影响预测结果的因素。它对于原始数据不需要过多的预处理，这使得决策树在实际应用中十分便捷，可以适用于各种类型的问题，包括分类、回归、异常检测等。由于简洁的设计和高效的计算特性，决策树通常能够快速构建并做出预测，同时，通过剪枝等方式我们还能有效避免过拟合现象，提高模型的泛化能力。

（五）朴素贝叶斯

朴素贝叶斯是一种基于贝叶斯定理且假设特征间相互独立的预测模型。这种算法在机器学习领域具有显著优势，尤其是因为它处理数据的效率非常高，而且在某些情况下甚至能产生非常精确的结果。朴素贝叶斯模型有两个关键的概率计算：

1. 各类别的先验概率

数据属于每个类别的总体概率，通过在训练数据集中直接计算各个类别的频率得出。

2. 条件概率

给定某一特征值下，数据属于特定类别的概率，通过统计训练数据中特征与类别之间的关联关系来计算。

根据贝叶斯定理，通过上述两个概率计算，我们能够轻松地针对未知数据进行分类预测。特别是当数据遵循正态分布（高斯分布）时，预测过程变得更加直接和高效，因为正态分布的概率密度函数提供了计算每个类别的条件概率的数学工具。

之所以被称为“朴素”，源于其背后假设的简单性——特征之间不存在任何依赖关系。尽管在现实中，特征之间往往存在复杂的关联性，这样的假设似乎过于理想化。然而，正是这个看似过于简单的假设，使朴素贝叶斯模型在处理高维数据时表现出色，尤其在文本分类、垃圾邮件过滤等任务中，其性能常常超过更为复杂的模型。

尽管朴素贝叶斯模型在某些情况下可能因为其假设过于简化的缺点而表现不佳，但它依然在很多应用场景中显示出强大的性能和实用性。尤其是在面对大量特征且样本量有限的情况时，朴素贝叶斯模型往往能够提供良好的预测效果，同时也因为其计算效率高，对于资源有限的环境也非常友好。

（六）K 最近邻算法

K 最近邻算法（KNN）是一种直观且应用广泛的无参数机器学习方法，它不依赖复杂的模型构建过程，而是直接利用训练数据集来进行预测。在 KNN 中，整个数据集被视为模型的一部分，对于新数据点的预测是通过找到训练集中的 K 个最相似样本（称为“邻居”）来实现的。具体来说，对于回归任务，预测值通常是所有邻居输出值的平均；而对于分类任务，则通常选取邻居中出现次数最多的类别作为预测结果。

寻找相似性的关键在于定义距离度量标准。当所有特征都被以相同尺度度量时，最常见的方法是计算欧式距离，这是衡量两组向量之间差异的一种方式。此外，KNN 算法在预测时仅需加载待预测的数据和训练数据集，并无须额外的学习过程，这使得它在处理实时数据流时非常高效。

然而，KNN 算法的运行效率受到数据规模的影响，因为它需要对整个训练集中的每个样本进行比较以找到最相似的 K 个邻居。因此，其存储需求较大，并且在预测速度上可能会受到影响。不过，这也可以通过数据结构优化，如 KD 树或 Ball 树来缓解。

值得注意的是，随着输入特征维度的增加（维度灾难或维度诅咒），算法的性能会显著下降。这是因为随着维度的增加，样本之间的距离分布趋于均匀，这使得确定 K 个最近邻变得非常困难。因此，只有在特征之间存在较强相关性和预测目标与特征有明确关系时，KNN 才能取得良好的效果。在这种情况下，选择具有高度相关性的特征，以及采用降维技术可以帮助提升 KNN 的性能。

（七）学习矢量化

K 最近邻算法确实需要存储整个训练数据集，这意味着在数据量大时，其对存储空间的需求较高。然而，学习矢量化提供了一种更高效的方式进行预测，通过选择性地保存训练样本，避免了存储全部数据的必要。

学习矢量化通过构建一个码本向量集合来进行这一操作。初始阶段，码本向量通过随机方式生成，随后通过迭代的训练过程不断调整以更好地适应数据集。每一轮训练后，这些码本向量逐渐展现出数据集的特征模式。最终，这些经过训练的码本向量能够用作模型的组成部分，用于新数据样本的预测。

预测过程类似于 K 最近邻算法，但基于码本向量而非原始训练数据。具体而言，新数据样本与码本向量之间的距离被计算，以找出与新样本最为接近的码本向量（最相似的邻居）。对于分类任务，该码本向量所代表的类别即为预测类别；而在回归任务中，我们则根据码本向量所代表的值给出预测值。确保数据集中的特征被适当地缩放到相同的尺度，如 0 到 1，能提高学习矢量化的预测性能。

通过使用学习矢量化，即使是在数据量庞大的情况下，我们也能通过选择关键样本进行预测，从而大大节省了存储需求，同时保持预测精度。这种特性使得学习矢量化成为处理大规模数据集、存储空间受限环境或在线学习场景的优选算法之一。

（八）支持向量机

支持向量机作为一种广泛应用于机器学习领域的算法，因其强大且高效的特点而备受推崇。支持向量机的核心思想在于寻找最优的超平面，该超平面能够最大限度地将不同类别的输入变量空间进行划分，使其形成两个清晰的群体，分别对应类别的 0 和 1。

在二维空间中，这个超平面表现为一条直线，它理论上应完美地穿过两个类别之间，确保所有类别 0 的数据点位于一侧，而类别 1 的数据点则位于另一侧。这一理想的划分虽然在现实数据集上可能难以实现，但在理论上指导着支持向量机的学习目标。

在高维甚至无穷维的空间中，支持向量机并不直接寻找一条线（或超平面）来分离数据点，而是寻找一个最大化的间隔。这个间隔是由超平面到最近的数据点（也称为“支持向量”）的距离决定的。理想情况下，最大的间隔意味着分类器拥有最高的决策边界能力，同时也具有更强的泛化能力。支持向量是那些距离超平面最近的数据点，它们对于确定超平面的位置至关重要。换句话说，超平面的位置由支持向量来“支撑”，决定了分隔线的最佳位置，从而使数据分类尽可能地准确。

为了找到这样的超平面，支持向量机会使用优化算法来解决一个最大化间隔的凸优化问题。算法的目标是在保证每个数据点都被正确分类的同时，尽量增大超平面到最近支持向量的距离，这一距离即间隔。这样做的目的是提高模型的泛化能力，即在未见过的数据上也能准确分类的能力。因此，通过优化算法寻找到的最优超平面不仅在训练数据上表现良好，而且在未知数据上的预测性能也非常优秀。

总之，支持向量机通过支持向量和最大间隔的概念，提供了一种有效的方法来解决分类问题，特别是当数据非线性可分时，通过引入核技巧我们可以将问题转化为线性可分的问题，从而进一步提升分类性能。这一算法因其强大的理论基础和实际应用效果，在诸多领域都得到了广泛应用，展现出其作为强大分类器的独特魅力。

（九）Bagging 和随机森林

随机森林是一种广受欢迎且强大的机器学习技术，它属于集成学习框架下的自举汇聚或 Bagging 方法。随机森林的独特之处在于其构建方式与传统的决策树截然不同，它引入了随机性的概念来创建更加多样化的决策树集合，进而提高了模型的预测性能和鲁棒性。

在传统的决策树学习过程中，构建一棵树时我们会选择最佳特征和分割点来最大化信息增益或其他相关指标。然而，在随机森林中，这种最优性的追求被放弃了，取而代之的是通过引入随机性来创建次优的分割点和树结构。具体来说，每次构建决策树时，我们从原始数据集中有放回地抽取一小部分样本（称为“Bootstrap 样本”），以及在选择特征时仅考虑一部分候选特征。这种随机抽样和特征的选择极大地增加了树之间的多样性，避免了单棵树在决策过程中的高度依赖性和过拟合风险。

每个决策树都是独立训练的结果，它们对新数据进行预测时，分别给出各自的预测值。接着，我们通过简单的加权平均或其他聚合策略（如多数投票），将所有树的预测结果整合起来，得到最终的预测输出。这种平均或投票的过程有助于减少单个决策树可能带来的偏差和方差，从而提高整体预测的稳定性与准确性。

在处理高方差的模型（如单个决策树）时，随机森林通常能够提供更佳的性能，这是因为引入的随机性和多样性使得模型在面对新数据时能更好地泛化，同时减小了过拟合的风险。此外，随机森林还能有效地处理高维数据，因为它通过特征随机选择机制，降低了维度效应，从而在特征空间中探索更多样化的解决方案。

总的来说，随机森林不仅通过集成学习增强了模型的泛化能力，还巧妙地利用了随机性和特征选择的多样性，使之成为处理复杂数据集的强大工具，适用于各种回归和分类任务。

（十）Boosting 和 AdaBoost

Boosting 是一种集成学习策略，旨在通过组合一系列弱分类器以形成一个强大的预测模型。这一方法的核心在于逐步改进预测性能，每一次迭代都专注于修正前一个模型未能正确预测的数据点。在构建模型的过程中，我们并非一次性尝试达到完美预测，而是通过不断地添加模型来逐渐逼近最佳解决方案。随着迭代次数的增加，模型的数量也会相应增多，直至达到预定的最大限制。

AdaBoost 是 Boosting 方法中的一种开创性算法，它尤其擅长二分类问题。它通过调整样本权重，优先让难以分类的样本在后续模型中受到更多的关注，以此提高整体预测准确性。每一棵新增的决策树都会基于上一棵树的预测结果来进行训练，重点关注先前模型未能正确分类的数据点。这样，AdaBoost 实际上是在每一次迭代中为难以分类的样本分配更高的权重，从而确保后续的模型更加聚焦于这部分数据，有效地提高了模型的整体表现。

在 AdaBoost 的基础上，现代的 Boosting 方法不断演化，其中随机梯度 Boosting 机器（GBM）是目前应用最广泛的。相比 AdaBoost，GBM 更进一步引入了随机性和梯度优化的概念，其不仅能够减少过拟合的风险，还提升了模型对异常值的抵抗能力，使得模型更加稳定且适应复杂数据集。

AdaBoost 配合决策树使用时，每一棵树都是基于之前模型的剩余错误进行学习的。初始时，所有样本具有相同的权重。随着模型迭代，错误率较高的样本会获得更高的权重，从而在下一轮训练中被决策树更加关注。通过这种方式，决策树能够在后续训练中专注于修正前一阶段未处理好的数据，从而逐步提高模型的准确性和稳定性。值得注意的是，在实际应用中，排除离群值对于训练过程至关重要，因为它有助于减轻模型对异常值的敏感性，确保模型的预测结果更加可靠且更具普遍性。

第二节　深度学习

一、深度学习的基本认知

（一）走进深度学习

传统的机器学习方法通常需要人类先将数据转换成各种有意义的特征。这一步骤至关重要，因为特征的选择直接影响到最终模型的分类或预测效果。因此，在实践中，很多时间和精力往往被花费在特征工程上，以期找到那些能最大化提升模型性能的最佳特征集合。然而，这种依赖特征选择的传统方法对人的直觉和经验有很高的要求，而且有时可能无法充分捕捉到数据的复杂关系和潜在模式。

相比之下，深度学习技术则采用了一种自下而上的学习方式。它通过构建复杂的神经网络模型，让这些模型从原始数据中自动学习并提取特征。这一过程无须人工定义特征，而是让算法根据输入数据本身的特点，自动生成一系列层次化的、更抽象和更深层的特征表示。深度学习模型能够自动识别数据中的复杂结构和关系，从而构建出更加精细和有效的特征表示，这对于解决复杂的问题如图像识别、自然语言处理等尤为重要。

深度学习的关键优势之一正是其自动化特征学习的能力，这使得它能够更高效地从大量的数据中学习，并构建出比传统方法更为强大的模型。不过，深度学习方法同样存在一定的局限性，特别是在资源有限的情况下。若训练数据量不足，深度学习模型可能无法充分学习到数据中的细节，导致过拟合或者泛化能力较差，这可能使其性能不如有针对性地设计特征的传统机器学习方法。因此，在数据资源充足的情况下，深度学习展现出其显著优势；而在数据稀缺的场景下，我们则需要谨慎评估其适用性。

1. 从逻辑回归到浅层神经网络

神经网络是一种模仿人脑神经元工作方式的计算模型，它属于机器学习的范畴。神经网络的概念其实并不像其名字那样高深，本质上它是一种通过多层次的处理和学习，实现复杂功能的模型。逻辑回归，虽然它看起来像是一个相对简单的模型，但实际上在结构上可以被视为一种特殊的浅层神经网络，它仅有输入层和输出层两部分。

逻辑回归的运作原理基于这样的思路：对输入数据进行线性组合，然后通过一个激活函数来非线性地映射输出结果。这一过程可以看作一个简单的结构，即输入层直接与输出层相连，数据经过线性组合后，通过激活函数转换，最终产生预测结果。

当我们在逻辑回归的基础上引入隐藏层时，就真正地形成了一个严格意义上的神经网络。隐藏层是位于输入层和输出层之间的额外层级，它的出现使神经网络具备了处理更复杂问题的能力。例如，在我们的例子中，我们添加了一个包含三个神经元的隐藏层。这些神经元分别与输入层的节点相连，形成一系列有向边，这使得数据在经过一次输入层与隐藏层的交互后，产生了三个独立的线性组合结果。

在这三个线性组合结果中，每一个神经元都有自己的权重系数（参数），这些权重决定了输入数据通过线性组合后的重要性。由于每个神经元使用的权重可能不同，因此，即使对于相同的输入数据，这三个线性组合的结果也会有所不同。这正是隐藏层中的并行运行特性，其使得神经元之间能够独立地处理信息，为输出层提供多样化的输入来源。

在神经网络的第二层（隐藏层之后的一层），这些并行处理的结果作为输入再次通过线性组合与激活函数的处理。这个过程将之前由隐藏层生成的特征进一步提炼和转化，最终产出模型的预测输出。因此，整个 2 层神经网络的计算流程得以完成。这一机制的引入使得神经网络能够处理更加复杂的关系和模式，相较于仅使用逻辑回归，具有更强的学习和泛化能力。

2. 深度神经网络

深度神经网络，正如其名，是指那些包含了多个隐藏层的神经网络模型。随着层数的增加，模型可以捕捉到更为复杂的数据模式，从而在许多任务上达到更好的性能。实际应用中，深度神经网络的层数从几十层到数百层，这样的结构确实能显著提升模型的准确率和复杂度适应性。

深度神经网络的结构灵活，每个隐藏层内的神经元数量可以根据任务需求自由设定，可以大于、小于或等于输入层的变量个数，但通常至少会包含两个神经元，而且每层之间的神经元数量不必保持一致。这种灵活性使得模型能够根据具体问题调整其复杂度，以最优的方式拟合数据。

神经网络的结构由神经元、网状连接结构和激活函数共同构成。每一个节点即为一个神经元，这些神经元通过网状结构相互连接，将信息从当前层传递到下一层。神经网络的核心运算过程可被概括为以下三步。

线性组合：将输入变量通过一组权重进行加权求和，形成每个神经元的输入信号。

激活函数：接收到输入信号后，神经元会通过激活函数进行非线性变换。常见的激活函数包括 sigmoid、线性整流单元、双曲正切等，它们的作用是引入非线性关系，增加模型的表达能力。

重复：上述两步在每层神经元中不断重复，这使得信息能够在网络中逐层深入，直到达到输出层，最终产生模型的预测结果。

简而言之，深度神经网络通过上述步骤，不仅实现了对输入数据的复杂映射，还具备了从原始数据中自动学习抽象特征的能力，这是其在众多机器学习任务中表现出色的关键。

3. 正向传播

“线性组合”与“激活函数”确实是神经网络的核心组件，它们构成了神经网络运作的基石。很多人对于神经网络的理解往往停留在黑盒模型的层面，即认为输入与输出之间经过了一系列复杂的数 算。然而，深入了解这一过程后，你会发现，神经网络的操作逻辑实际上是相当直观且简洁的。它基于两个基本步骤——“线性组合”与“激活”，通过反复执行这两大操作，我们最终实现了从输入数据到输出结果的转换。

神经网络的操作流程可以用如下公式来表示：

输入→线性组合→激活→线性组合→激活→…→线性组合→激活→输出

这个过程被称为正向传播，其是神经网络处理信息的基本方式。在此过程中，每个节点（神经元）都通过线性组合将接收到的输入信号加权求和，并通过激活函数对其进行非线性变换。这一过程在每一层神经元内持续进行，直至达到输出层。在给定每一层的权重参数后，正向传播允许我们利用输入数据计算出预测输出。

通过这一系列的正向传播，神经网络揭示了其从输入数据推导出预测结果的内在机制，这不仅澄清了其作为黑箱模型的神秘面纱，也为理解神经网络的工作原理提供了清晰的框架。因此，正向传播不仅是神经网络执行功能的基础，也是其预测能力和学习过程得以实现的关键环节。

4. 激活函数

神经网络的核心特性之一在于激活函数的存在，这使得网络能够实现非线性映射，从而解决更为复杂的问题。如果网络仅采用线性激活函数或者不使用激活函数，那么网络的输出将会是一个线性的函数，这对于解决非线性问题显然是不够的。因为线性组合的连续线性操作最终仍会保持输出的线性性质，无法引入必要的非线性关系来拟合复杂的数据分布或模式。引入激活函数后，每一层神经元的输出不再是输入的简单线性组合，而是经过非线性变换后的结果，这为神经网络的学习能力提供了更广阔的可能空间。

常见的激活函数包括 ReLU、Sigmoid 和 Tanh 等。选择合适的激活函数对于训练神经网络的性能有着决定性的影响。例如，ReLU 激活函数因其简洁的设计和计算效率在近年来受到了广泛青睐。它的数学表达式为 $f(x)=\max(0, x)$，这意味着当输入值 x 大于 0 时，输出为 x；当 x 小于或等于 0 时，输出为 0。尽管 ReLU 函数在理论上不如 Sigmoid 或 Tanh 那样具有良好的导数性质，使得梯度消失或梯度爆炸的问题更加凸显，但它在实践中的表现往往优于这些函数。特别是在深度学习领域，由于深层网络中反向传播时梯度的累积效应，ReLU 的梯度消失问题相比其他激活函数而言更易于控制。此外，ReLU 函数的零输出能够有效抑制过拟合，提升网络的泛化能力。

随着研究的深入和实际应用经验的积累，人们开始在许多场景下优先选择 ReLU，尤其是在卷积神经网络和循环神经网络等结构中。许多早期使用的 Sigmoid 或其他非 ReLU 激活函数的方法，在新的应用场景中已被 ReLU 取代，主要是因为它提供了更好的计算效率和在深度网络中的更好表现。然而，选择哪种激活函数仍然需要根据具体任务和数据集的特性来决定，有时实验比较和定制化的设计也是必要的。

（二）深度学习应用

1. AlphaGo

阿尔法围棋（AlphaGo）是人工智能领域的一项杰出成就，它运用了深度学习技术，达到了甚至超越了人类围棋顶尖选手的水平。在与围棋世界冠军、职业九段选手李世石的标志性比赛中，阿尔法围棋以 4∶1 的总比分赢得了胜利，这是人工智能在策略游戏领域的一个里程碑。

阿尔法围棋系统包含四个核心组成部分。

走棋网络：此部分负责根据当前棋局的状态，预测下一步的最优棋子落点。它利用深度卷积神经网络的强大功能来分析复杂的棋局细节，从而做出高精度的决策。

快速走子：与走棋网络的目标相似，旨在规划下一步的棋子落点。不同的是，该模块在确保一定速度的同时，可以牺牲一定的决策质量，从而提供快速但大致方向正确的评估。

估值网络：这一组件评估给定棋局的胜势，判断是白棋优势、黑棋优势还是平局。

同样地，它也采用了深度卷积神经网络技术，通过学习大量棋局数据，精确预测棋局的结果趋势。

蒙特卡洛树搜索：将上述三个部分整合，形成一个完整且高效的系统。MCTS 算法通过模拟大量随机游戏路径，优化决策过程，帮助阿尔法围棋在实际比赛中做出最有可能赢棋的选择。

深度卷积神经网络在这项工作中起到了关键作用，特别是在走棋网络和估值网络中，它们被用来解析复杂的棋盘布局，识别潜在的优势位置和风险区域，进而辅助阿尔法围棋制定出最优策略。这些网络的技术突破，展示了深度学习在解决复杂决策问题上的巨大潜力。

2. 目标识别

ImageNet 是一个规模庞大的图像识别数据库，目前在全球范围内被认为是最大的之一。为了促进计算机视觉领域的研究和发展，尤其是图像检测和目标识别技术的进步，ImageNet 每年都会举办 ILSVRC 竞赛。这项赛事吸引了来自世界各地的学术研究机构及业界人士的广泛参与，成了衡量和推动图像识别与理解技术发展的重要平台。通过 ILSVRC 竞赛，专家们不仅能够展示他们的最新研究成果，还能与其他参与者交流经验，共同推进该领域的技术进步。

二、神经网络路径

（一）神经网络的优化策略

1. Mini – Batch

在机器学习领域，为了加速训练过程，特别是在处理大规模数据集时，优化数据读取策略成了一个关键点。传统的训练流程存在一个显著的瓶颈：在每一轮迭代中，必须读取整个样本集的数据进行处理，这在面对大量数据时无疑会显著增加计算时间和资源消耗。

一种有效解决这一问题的方法是引入 Mini – Batch 的概念。Mini – Batch 的核心思想是在单次迭代中仅处理一部分样本数据，而非整个数据集。具体地，我们将整个数据集随机划分为多个小批量，每个 Batch 包含一定数量的样本，通常这个数值选择为 2 的整数次方，如 128 或 256，以实现高效利用内存并保持计算效率。

假设我们拥有 2000 条样本，Mini – Batch Size 设为 256，那么我们会将这些样本随机分为 8 个 Group。首次迭代时，我们读取前 256 条样本进行计算；第二次迭代时，读取下一段连续的 256 条样本；以此类推，直到所有样本都完成了一轮迭代。完成一轮完整遍历样本集的过程被称为一个 Epoch。

值得注意的是，尽管每次迭代所使用的样本不同，这并不意味着训练过程的质量会因此受损。实际上，由于每次迭代都基于数据的不同随机采样，这样的方法有助于探索样本空间，加速模型的学习和收敛过程。在初始阶段，参数更新路径可能会看起来较为杂乱，但由于训练的持续性，模型最终能够趋向最优解，而不受随机性影响。

使用 Mini - Batch 策略，相比于一次性处理全部数据，可以显著减少单次迭代的计算时间，进而大幅缩短整体训练周期。这种方法尤其适用于大数据集，因为通过批量处理数据，我们不仅提高了计算效率，也避免了内存溢出的风险。因此，无论在学术研究还是工业应用中，Mini - Batch 几乎是处理大规模数据集时的首选策略，以确保训练过程既高效又稳定。

2. 输入数据标准化

在机器学习领域，数据标准化是一项基础且至关重要的预处理步骤，它主要针对的是将原始数据进行规范化处理，以便于在模型训练过程中获得更稳定的性能。标准化的过程，即通过对每个特征进行均值减去操作（将数据减去其平均值）及除以标准差（将数据除以其标准差），使得每个特征的分布都转换为具有均值 0 和标准差 1 的标准正态分布。

标准化的好处在于，它可以消除数据中不同量级和单位带来的偏差，确保各个特征在同一尺度上进行比较和学习。这样做的结果是，经过标准化处理后的样本点在每个维度上的分散程度更加均衡，即每个特征的波动区间大致相同，减少了特征之间的不一致性所带来的潜在影响。

更进一步来看，数据标准化对于价值函数曲线的形状有着直接影响。未经标准化的数据，其分布可能极度不均，导致价值函数曲线出现扁平化现象。这种情况下，模型在学习过程中可能会面临参数更新路径不稳定的问题，表现为参数的行进轨迹呈现出明显的波动性，如同“锯齿形”一样，这不仅增加了模型达到全局最优解所需的时间和资源，还可能导致训练过程的非稳定性。

反之，通过标准化处理后，价值函数曲线会变得更加均匀、圆滑，这种特性对于深度学习模型来说尤其重要，因为它有助于提升优化器（如梯度下降法）在寻找全局最优解时的效率和准确性。优化器能够更流畅地沿着曲线移动，更快地收敛到最小化损失函数的目标值，同时保持了模型训练过程的平稳性和稳定性。综上所述，数据标准化不仅是提高模型学习效率的关键步骤，也是确保模型泛化能力的重要手段。

3. Momentum

Momentum 是一种优化算法，它的核心思想是在梯度下降法的基础上引入动量概念，从而改善了梯度在迭代过程中的不稳定性。与标准化处理聚焦于数据预处理阶段以改进特征的分布不同，Momentum 从优化算法本身着手，旨在解决在优化过程中遇到的“锯齿形”梯度问题，使得梯度轨迹能够更稳定、直接地朝向目标最优解前进。

在梯度下降法中，我们每次更新参数都需要根据当前的梯度来决定方向和步长。然而，在复杂的优化场景中，特别是当梯度变化迅速或存在多个局部极小值时，梯度的方向可能会频繁改变，导致参数更新的路径变得曲折和不稳定，这便是“锯齿形”

梯度轨迹的原因之一。这种现象会延长模型收敛至全局最优解的时间，甚至可能导致梯度消失或爆炸的问题。

Momentum 算法的引入正是为了克服这一问题。它通过计算一个包含历史梯度信息的加权平均向量（动量向量），并将其用作当前梯度的引导方向。具体实现时，每一轮迭代中，新动量向量是通过加权历史动量向量和当前梯度向量计算得出的。其中，加权系数通常被称为动量衰减因子，通常设置在［0，1］的区间内，其值越大意味着对历史梯度信息的重视程度越高。

引入动量的概念，Momentum 算法将更新过程视为一种加速度的积累，这使得优化过程在遇到复杂梯度地形时，可以保持一定的速度而不至于频繁转向。换言之，Momentum 算法强调“速度”的概念，而非单纯的“位置”或“位移”。通过利用过去的梯度信息，优化过程可以在某种程度上预测未来的梯度变化趋势，减少不必要的方向调整，从而使得参数更新路径更加平滑和稳定。

总的来说，Momentum 算法通过引入动量概念，增强了梯度下降法在复杂优化问题中的鲁棒性，有效地减少了“锯齿形”梯度轨迹，提高了模型训练的速度和稳定性，尤其是在深度学习领域中，这种方法被广泛应用，显著提高了神经网络的训练效率和性能。

（二）正则化方法

正则化的目的是防止模型过拟合。在神经网络中，通常有 L1/L2 正则化、Dropout 两种方式。

1. L1/L2 正则化

这种方法确实相对简单，它在逻辑回归及其他机器学习模型中也有广泛应用。其基本原理是在原本的模型价值函数之上加入一个惩罚项，以控制模型的复杂度，防止过拟合的发生。这种方式，我们通常称之为正则化。

当我们引入惩罚项时，原本的线性组合会被扩展为

［J（theta）= text｛Loss｝（y，hat｛y｝）+ lambda R（theta）］

这里，［J（theta）］是带正则化的损失函数，［text｛Loss｝（y，hat｛y｝）］是原始损失函数，衡量模型预测输出（hat｛y｝）与实际输出（y）之间的差距；而［R（theta）］则是正则化项，用来惩罚模型参数（theta）的复杂度，（lambda）是一个平衡损失函数和正则化项权重的超参数。

值得注意的是，尽管添加了正则化项，反向传播算法的核心计算流程并不会发生变化。你不需要重新构建整个反向传播过程，而只需要在原有的反向传播步骤中适当修改即可：

计算梯度：在求损失函数的梯度时，除了保留原有损失函数的梯度计算外，我们还需要加上正则化项的梯度贡献。对于 L2 正则化（常用的正则化方式），其梯度形式

通常是［R′（theta）cdottheta］，其中［R′（theta）］是正则化项关于参数（theta）的导数。

更新参数：在使用梯度下降等优化算法更新参数时，原有的参数更新规则需要修改为：

［theta：= theta - alphaleft（nabla J（theta）+ lambda R′（theta）right）］

这里的（alpha）是学习率。

这样，即使增加了正则化项，原有的反向传播算法的计算逻辑仍能顺畅运行，同时有效控制了模型参数的增长，避免了过拟合的风险，提升了模型在未见过的数据上的泛化能力。

2. Dropout

Dropout 是一种强大的正则化技术，旨在通过在训练过程中临时禁用部分神经元来防止过拟合。这种策略在每次迭代中动态调整网络结构，从而使得模型在学习时更加健壮，对新数据具有更好的泛化能力。Dropout 的核心机制在于每次前向传播时，随机地关闭一定比例的神经元，这不仅限制了每层神经元间的强依赖关系，而且促使神经网络在学习过程中探索更多不同的解空间，提高了模型的泛化性能。

在实施过程中，Dropout 使用了一个名为 d［l］的布尔向量来标识每个神经元的状态（0 表示关闭，1 表示开启）。当与当前层的激活值 a［l］相乘时，处于关闭状态的神经元输出被设置为零，而打开的神经元则保持原值。这一过程确保了每次训练时使用的都是一个大小随机缩小的网络版本，增强了模型的泛化能力和对数据噪声的抵抗能力。

在正向传播阶段，激活值 a［l］需要经过预设概率 p 的除法运算（通常 p 被设置为 0.5 或其他值，具体取决于层间概率是否一致），这一步骤旨在调整激活值的期望值，使其与没有应用 Dropout 时保持一致。即，如果 $p=0.7$，则意味着有 30% 的概率神经元被关闭，从而降低了它们的激活值。这实际上是为了补偿在 Drop - out 之后，网络输出中部分激活值的丢失，避免在反向传播时出现梯度消失的问题，同时也保持了模型的输出预期值不变，避免了因神经元随机关闭导致的梯度衰减或信息丢失。

在反向传播阶段，为了恢复预期的输出值，激活值 a［l］需要在除以 p 后再进行一次修正，即 a［l］$=a$［l］/ p。这样处理确保了 z［$l+1$］的计算结果与没有使用 Dropout 时保持一致，避免了信息的“萎缩”，维持了模型在训练和测试阶段的稳定性和一致性。

重要的是，Dropout 仅在训练阶段发挥作用，而不在测试阶段使用。这意味着在进行最终评估模型性能时，所有的神经元都将被启用，以获得准确的预测输出，而不受 Dropout 技术的影响。此外，使用 Dropout 应谨慎行事，我们仅在模型存在过拟合风险时才考虑引入，以确保资源的有效利用，并避免不必要的复杂性和计算开销。

综上所述，Dropout 是一种高效且直观的正则化手段，其通过动态调整网络结构，帮助机器学习模型在面对新数据时展现出更强的泛化能力，同时有效抑制了过拟合现象。在实践中，合理配置 Dropout 参数（如 p 的值）对于实现最佳模型性能至关重要，因此我们需要根据具体任务和数据集的特点进行适当调整和优化。

三、卷积神经网络

（一）卷积神经网络结构

为了使深度神经网络能够有效工作，我们需要降低网络中参数的数量。为了做到这一点，卷积神经网络主要采用了三种方法：一是局部感知，二是参数共享，三是池化，下面我们分别对这三种方法进行讲解。

1. 局部感知

在图像处理领域，人们往往基于从局部到全局的认知模式，认为人类对外界环境的理解始于对局部特征的感知，随后逐步整合这些局部信息以构建出全面的全局理解。类似地，图像中的空间联系遵循相似原则，近邻像素之间具有较强的相互关联性，而相隔较远的像素之间的关联性相对较弱。基于此逻辑，每个神经元并不需要感知整个图像的全貌，而是专注于捕捉局部区域的特征。视觉皮层中的神经元正是按照这一原理设计的——它们专门响应特定区域的刺激，而非整体图像。

以一个 1000×1000 像素的图像为例，若我们采用局部连接的策略构建一个神经网络，每个隐藏层的神经元只与相邻的 10×10 个像素点相连，这样每个神经元的参数数量仅为 100（10 行 ×10 列的连接权重加上偏差项）。如果我们保持与输入像素数目相同的隐藏单元数量，即 100 万个隐藏单元，则总共需要的权重参数为 $1000\times1000\times100$ 个。这相较于直接连接每个像素至每个隐藏单元的情况，参数数量从 $1000\times1000\times1000$ 降低到了 $1000\times1000\times100$。

采用局部感知策略带来了一系列优点。首先，它大幅度减少了模型需要学习的参数量，从而降低了训练的计算复杂度和所需的计算资源，这对于处理大规模图像数据尤为关键。其次，局部感知使得模型能够专注于学习图像的局部特性，这不仅有助于模型更精确地识别和表示图像中的细节，还能够提高模型对图像特征的理解精度和泛化能力。整体而言，局部连接策略不仅优化了计算效率，也为构建高效、强大的图像处理模型提供了有力支持。

2. 参数共享

在构建高效的深度学习模型，尤其是针对图像处理任务的卷积神经网络时，通过引入参数共享技术，我们可以在保证模型性能的前提下显著降低模型复杂度和所需计算资源。以前面提及的 1000×1000 像素图像为例，原本每个神经单元对应 100 个参数，共 100 万个神经单元，总参数量为 100 万个，通过参数共享策略，每个位置上的参数数量减少至 100 个，参数总数仅需百万分之一，即 100 万个参数降至 1 万个，这极大地降低了计算成本。

这种参数共享的设计并非简单地削减参数，而是基于对图像数据本质特征的深刻理解：图像的特征具有位置无关性。在图像中，特定的视觉元素或结构，如边缘、纹理等，无论其出现在图像的哪个位置，都可以被视为同一类特征。这种位置无关性意味着，当模型在某个局部位置学习到一组有效的特征表示时，这些表示同样适用于图像中其他位置的类似情况。换句话说，通过参数共享，模型能够在不增加额外计算开销的情况下，利用从单一位置学习到的特征，应用于图像的其他位置。

为了实现这一目标，我们引入了一个概念——卷积核。卷积核是一个包含 100 个参数的二维矩阵，它在整个图像上进行滑动，对图像的不同局部进行卷积操作，以提取潜在的特征表示。通过调整卷积核的参数，模型能够学会检测不同类型的特征，例如边缘、角点或更复杂的形状。更重要的是，由于卷积操作的本质是线性组合，卷积核的输出不会因为其应用的位置不同而改变。这意味着，对于图像上的所有位置，我们都可以使用相同的卷积核执行特征提取操作，这不仅减少了参数数量，而且增强了模型的泛化能力。

综上所述，参数共享，特别是卷积操作的引入，不仅实现了参数数量的大幅减少，还有效提取了图像中与位置无关的特征，显著提升了卷积神经网络在图像处理任务中的效率和表现。

3. 池化

池化作为一种在深度学习领域广泛应用的技巧，特别是在卷积神经网络中，主要用于减小输入特征图的尺寸，同时保留关键信息，从而有效地降低模型的计算复杂性和参数数量。对于一个 1000×1000 的输入图像，如果我们采用一个 10×10 的最大池化层进行处理，最终输出的特征图尺寸将减少到 100×100，这意味着输出单元的数量仅仅是原始输入的 1%，大幅度地减少了计算资源的需求，降低了模型的复杂性。

池化操作通过特定的池化方程整合输入区域内的统计特性，其中最常见的形式是最大池化，它只保留输入区域内最大的数值。此外，还有最小池化和平均池化等变种，每种都有其独特的应用场景和优势。最大池化因其在保持图像的分辨率方面具有优势，广泛用于防止模型对输入图像的细微变化过于敏感，如图像的小幅度位移或旋转，从而提高模型的稳健性和泛化能力。

引入池化层后，模型的学习过程被简化，因为它只需关注输入区域内最大值、最小值或平均值等统计特征，而非所有细节。这种简化不仅减少了训练过程中需要更新的参数数量，还减少了计算需求，使得模型能在有限资源上高效运行，同时还能增强模型对输入数据微小变化的鲁棒性，提升整体的性能和实用性。通过这种方式，池化层不仅帮助减轻了过拟合的风险，还使得深度学习模型能够更加专注于关键的图像特征，而不是每一个像素的精细差异，从而在处理大规模数据集时展现出卓越的效果。

4. 各个结构的组合

以上是卷积神经网络的主要组成部分，根据不同任务的需求，通过灵活地组合各个特性，我们可以获得适应不同目标的优秀模型。

（二）卷积运算

卷积运算确实是卷积神经网络（CNN）中不可或缺的核心运算步骤。这一过程实质上是将一个较大的数据集（通常是一个图像矩阵）与一个较小的权重矩阵（卷积核或滤波器）进行点对点的乘积与加总操作，以提取出图像中的局部特征，这在图像识别、语义分割等多种视觉任务中至关重要。

假设我们有一个 5×5 的输入矩阵 A，以及一个 3×3 的卷积核（滤波器）B。卷积过程可以按照以下步骤展开：

1. 滑动滤波器

首先，将滤波器 B 以一个固定的步长在整个输入矩阵 A 上滑动。由于滤波器 B 的大小为 3×3，且 A 的尺寸为 5×5，这意味着滑动完成后，滤波器会覆盖整个输入矩阵，总共会产生四个滑动位置。滑动时，滤波器不会超过矩阵边界。

2. 点乘并求和

在每个滑动位置，我们将滤波器 B 与输入矩阵 A 中的对应区域进行逐元素点乘，然后将这些乘积的结果求和。具体而言，对于输入矩阵 A 的左上角区域（与滤波器 B 完全重叠的区域），我们首先将其对应位置的元素分别与滤波器 B 的相应位置的元素进行点乘（将这两个矩阵中的同一位置的元素相乘），接着将这些乘积相加得到一个标量值，这个标量值将成为输出矩阵的一个元素。

3. 构建输出矩阵

重复上述步骤，直到滤波器覆盖整个输入矩阵。这样，对于每一次滑动结束时的位置，我们都会得到一个输出矩阵中的元素值。当滤波器覆盖完整个输入矩阵后，我们便得到了一个全新的矩阵，这就是经过卷积运算后的结果矩阵，其大小通常会比原始输入矩阵小一些，具体取决于滤波器大小和步长。

通过这样的操作，卷积神经网络能够在保持对输入信息的高维表示能力的同时，有效控制模型的参数数量，这对于优化网络训练速度和减少过拟合风险具有重要意义。

（三）卷积层

卷积运算在卷积神经网络（CNN）中扮演着核心角色，它允许网络从输入数据中提取局部特征，这是理解图像、语音等复杂信号的关键。当我们提到“输入矩阵为 $h\times w$”，意指该矩阵的高度（h）和宽度（w）相同，而“卷积核为 $f\times f$”表示一个大小为 f 的正方形滤波器，通过在输入矩阵上进行滑动运算，我们能得到一个新的输出矩阵，其高度和宽度变为 $h-f+1$ 和 $w-f+1$。这里的 f 值通常不大，且小于 h 和 w，常见的取值包括 3、5、7 等。

然而，卷积运算的灵活性远不止于此。为了更好地适应不同需求，我们引入了两个关键概念：Padding 和 Stride。

Padding，即填充，是在输入矩阵四周添加额外的零元素。这样做的目的是增加输入矩阵的尺寸，从而影响输出矩阵的大小。例如，若我们在输入矩阵周围填充了 $f-1$ 层的零元素，则经过卷积运算后，输出矩阵的尺寸将会变为 h 和 w。换句话说，通过适当选择 Padding 的大小，我们能确保输出矩阵的尺寸符合预期，这在保持输入与输出空间一致性的情况下尤为重要。

Stride，即步长，是指在输入矩阵上进行卷积运算时，滤波器移动的跳跃距离。默认情况下，Stride 可能为 1 或者 2（或者更小的值），这决定了滤波器在矩阵上滑动的间隔。如果 Stride 设定为更大的值，例如 2，那么滤波器将在每一步后跳过一个单元格。这意味着，对于相同的滤波器大小，更大的 Stride 会导致输出矩阵尺寸显著减小，而小的 Stride 则保持输出矩阵的尺寸接近原始输入矩阵的尺寸。

综上所述，通过合理地调整 Padding 和 Stride，我们不仅能够控制输出矩阵的尺寸，还能影响网络在提取特征时的上下文范围，从而在保持网络复杂度的同时，优化模型的学习能力和泛化性能。这使得卷积神经网络能够更加灵活地处理各种输入尺寸，并适应不同的应用场景。

1. Padding

Padding 指的是对输入矩阵的尺寸进行“扩展”，在矩阵外围增加一个“套环”（通常由 0 来填充）。比如，一个 3×3 的矩阵通过 Padding 得到了一个 5×5 的矩阵。Padding 的参数 p 是在进行一次卷积运算中可以控制的参数。通过设置参数 p，我们可以控制输出层想要得到的矩阵的尺寸。

2. 从二维到三维

卷积神经网络（CNN）之所以在计算机视觉领域有着广泛的应用，主要是因为它们能够高效地从高维数据中提取有意义的特征。对于彩 像来说，每张图片不仅仅是二维像素点矩阵，而是由红、绿、蓝三个通道构成的三维数据。因此，一个典型的彩 像可以表示为一个 $32\times32\times3$ 的矩阵，这里的每个元素代表特定位置的颜色值。

当这样的图像与一个 5×5 的卷积核进行卷积运算时，输出将是一个 $28\times28\times1$ 的矩阵。这一过程实际上是对输入图像中的每个像素应用了同一个滤波器，滤波器在图像上平移以检测特定的模式或特征。在这一阶段，每个通道的像素值都会与卷积核中的对应权重进行加权求和，再应用一个激活函数（如 ReLU）以产生最终的输出值。尽管卷积核应用于每个通道，但输出仅保留了最后一个维度，即每个位置的特征值，这在一定程度上减少了数据的维度，同时提取了图像中包含的信息。

卷积层是卷积神经网络的核心组件之一，它们通过一系列卷积运算来识别输入数据中的特征，这些特征可以是边缘、线条、角或是更复杂的模式。卷积层通常由多层组成，每一层都能够学习到更高级别的特征表示。例如，第一层卷积层可能专注于提取简单的特征，如边缘和纹理，而后续层则会从这些基础特征中组合出更复杂的概念，如形状和对象的部分。这种层次化的特征提取机制使得 CNN 能够在不牺牲计算效率的前提下，处理非常复杂的视觉任务。

除了卷积层之外，还有其他重要的组件，比如池化层。池化层的主要作用是降低输入的分辨率，通常采用最大池化或平均池化来实现。这些操作帮助减少计算复杂性和过拟合的风险，同时也能有效地捕捉图像中的局部不变性，即对图像位置变化的鲁棒性。此外，池化层还可以作为特征选择的一部分，帮助网络集中注意力于最重要的信息区域。

全连接层则是网络中的另一个关键组件，它负责在最终决策之前整合所有卷积层和池化层提取的特征。尽管在较早的 CNN 设计中，全连接层较为常见，但在深度学习领域，由于其参数量巨大且容易导致过拟合的问题，现在其更倾向于使用局部连接（如卷积层）和共享权重（如池化层），从而减少参数数量并提高模型的泛化能力。

综上所述，卷积神经网络通过其独特的架构和操作，能够高效地从图像中提取丰富的特征，适用于各种视觉识别任务。这些网络的多层结构、卷积运算、池化及全连接层的组合，共同形成了一个强大的工具集，使得计算机能够理解并响应复杂视觉输入。

四、循环神经网络

（一）循环神经网络简介

循环神经网络（RNN）的出现，为处理序列数据提供了一种更为有效的途径，尤其是在处理像自然语言、语音等依赖上下文信息的时间序列数据时，展现出显著的优势。传统神经网络模型，如前馈神经网络，通常假设输入和输出之间存在独立性，这显然无法满足处理序列数据的需求。而在实际应用中，如预测句子中的下一个词或者对语音进行转录，当前的输出依赖于之前的所有输入和输出，这种依赖关系恰好是 RNN 所擅长处理的。

RNN 之所以被称为“循环”，源于其核心机制的设计。在一个 RNN 模型中，每一时刻的隐藏状态不仅取决于当前时刻的输入，还依赖于前一时刻的隐藏状态。这意味着 RNN 能够“记住”先前的信息，并将其用于当前时刻的计算中。具体而言，隐藏层的节点并非相互独立的，而是通过连接形成一个闭环结构，形成了所谓的“记忆单元”。这样，RNN 就可以在处理长序列数据时，通过其内部的循环结构保持对先前输入的“记忆”，并且在输出时利用这些记忆信息，从而更好地理解和生成序列数据。

理论上，RNN 能够处理任意长度的序列数据，这使其在处理文本翻译、情感分析、语音识别等任务中表现出了强大的能力。然而，在实际应用中，RNN 的计算复杂度随着序列长度的增加而呈指数增长，这会导致梯度消失或梯度爆炸等问题，影响模型的训练效率和性能。为了解决这一问题，研究人员提出了长短时记忆网络和门控循环单元等改进型 RNN 结构，这些模型通过引入额外的门控制机制，有效缓解了梯度消失或爆炸问题，从而提高了模型在处理长期依赖和时间序列数据时的性能。

总的来说，RNN 通过其独特的循环结构，实现了对序列数据中时间和空间依赖性的建模，极大地推动了自然语言处理、语音识别等多个领域的技术发展，为解决复杂序列数据问题提供了强有力的支持。

（二）循环神经网络结构

循环神经网络的结构特性为文本处理提供了极其灵活和适应性强的方法，使得处理包括但不限于序列、句法、语义、韵律等多种文本特征成为可能。RNN 通过其循环结构，使得每个时刻的输出不仅依赖当前的输入，而且依赖于前一时刻的隐藏状态，这一特性对于理解文本序列的动态演化过程至关重要。下面我们将对上述提到的 RNN 在处理文本任务中展现的灵活性和适用性进行详细说明：

1. 面对不同句子长度的建模

RNN 的灵活适应性体现在它可以处理不同长度的句子而不需调整特定的模型参数。每个句子由一系列单词组成，RNN 通过在每个时间步骤上更新其内部状态来处理这些单词，无论句子的长度如何。这一过程不需要为不同长度的句子预先设计不同的模型结构，只需通过改变输入序列的长度即可适应。因此，RNN 能够在训练期间自动学习处理短句和长句所需的模式和规律，无须人为地对模型进行定制化调整。

2. 处理单词位置变化的语义不变性

在自然语言中，句子的语法结构和表达方式可以发生变化，但其意义往往保持不变。例如，“我去了北京”与“我于 2008 年去了北京”尽管语法结构不同，但表达的意思相同。RNN 通过其隐藏状态的持续维护和更新，在多个时间步骤上进行信息的传递，这使得模型能够在不考虑具体单词位置的情况下，通过积累先前的信息来推断和理解语境的意义。这种方法在处理诸如语义角色标注、依存句法分析、情感分析等任务时尤为有用，能够捕获到句子中单词之间潜在的语义联系，而不仅仅是字面含义。

3. 创新的模型结构：从单向到双向，从简单到复杂

RNN 的灵活性不仅限于其基本结构。通过对其结构进行扩展和修改，我们可以创建出更多功能强大且适用广泛的模型。例如：

双向循环神经网络：在单向 RNN 的基础上，我们加入了一个读取输入序列反向方向的结构，这使得模型能够同时访问序列的过去和未来信息。这大大增强了模型的理解能力，特别是在需要捕捉序列中长距离依赖关系的任务上，如语义解析、问答系统等。

门控循环单元和长短期记忆网络：这两种改进型 RNN 结构通过引入门控机制（如

遗忘门、输入门、输出门），有效解决了传统 RNN 中存在的梯度消失和梯度爆炸问题。它们能够在保持计算效率的同时，更有效地记忆长期依赖关系，适用于更复杂和多样化的文本处理任务。

多层 RNN：通过堆叠多层 RNN，我们可以在模型中建立更深层的层次结构，增强对文本序列中不同级别抽象特征的捕捉能力。多层结构有助于提高模型的表征学习能力，对于处理包含多级上下文信息的文本数据尤为关键。

总之，RNN 及其变体通过其独特的结构和灵活的模型拓展能力，为文本处理领域提供了强大的工具。这些模型不仅能够有效地处理不同长度的文本序列，还能在面对单词位置变化和捕捉语义不变性方面展现出优势，从而在各种自然语言处理任务中发挥重要作用。

第六章
智慧城市大数据与人工智能

第一节　智慧城市概论

一、智慧城市基本概念

在中国经济的各主要领域，信息化的应用正逐渐显示出显著的效果，推动了政府、农业、城市、社会及产业层面的数字化转型。在智慧政府建设方面，信息化不仅促进了管理创新，还通过网上办公、业务协同和政务公开等方式，提高了政府的运行效率和服务质量。与此同时，农业信息服务体系的不断完善，以及信息技术在传统产业中的广泛应用，不断取得突破性进展，极大地提升了农业生产效率和产品质量，同时也促进了农业经济的转型升级。

在城市信息化方面，数字技术的应用在市政、城市管理、交通、公共安全、环境保护、节能、基础设施等领域实现了现代化的综合管理。智慧城市理念下的城市基础设施日益完善，通过物联网、大数据和云计算等先进技术，城市的运行变得更加智能和高效。这不仅提高了城市管理的精细化程度，也极大地改善了居民的生活品质。

在社会信息化建设方面，科技创新、教育、文化、医疗卫生、社会保障、环境保护等领域的信息化发展势头良好，信息的普及和应用显著提升了这些领域的服务质量和效率。智慧社区的建设，以及电子商务与现代物流等新兴业态的兴起，进一步加速了社会信息化进程，促进了经济结构的优化升级。

产业信息化则在新能源、交通运输、冶金、机械、化工等多个行业中推进了信息化水平的提高，通过智能制造、数字化生产等手段，提升了企业的生产效率和市场竞争力。传统服务业也在向现代服务业转型的过程中，利用信息化技术优化服务流程、提升服务质量，推动了信息服务业的快速发展。

综上所述，中国的信息化建设在多个领域取得了显著成就，不仅促进了经济增长和产业结构优化，也极大地提升了人民生活水平和城市治理效能，为构建现代化经济体系和智慧社会奠定了坚实的基础。

二、智慧城市建设范围

（一）智慧政府

中国智慧城市建设的起点在于政府信息化，这一进程的核心是以电子政务为载体，旨在通过技术革新来推动政府管理的现代化，进而促进国家的经济和社会发展。智慧政府的构建是国家力量驱动的政府信息化建设的重要组成部分，其目的在于全面提升政府的管理效能与服务水平，增强其在全球竞争中的优势地位。

智慧政府信息化的推进，应从网上行政审批、网上电子监察和网上绩效考核等关键领域入手，通过搭建电子政务平台，构建覆盖全城的政府公共服务体系。这一过程中，我们着重于实现政府内部各个业务单位和部门间的信息互通与数据共享，旨在大幅度提升政府信息化建设和发展的整体步伐。

智慧政府信息化的意义重大，体现在以下几个方面：

首先，推动政府信息化建设，是中国深化改革开放、加速经济全球化的关键推动力。它能够促进政府管理机制的转变，增加管理的透明度和公开性，提高管理效率，有效解决政府管理中存在的问题，对于提高政府管理水平和服务能力，应对经济全球化带来的挑战具有重要意义。

其次，构建智慧政府能够使政府决策更具科学性和时效性，减少不必要的重复建设和资金浪费，这对于政府管理而言至关重要。电子政务平台的建设，将有助于实现资源优化配置，提高决策效率和执行力。

再次，智慧政府的推进将显著提升公共服务的质量和政府的服务水平，促进政府职能由管理型向服务型的转变。通过线上服务，实现企业、公众的一站式办理，不仅能大幅缩短服务时间，提升服务的透明度，还能增进政府与公众之间的信任关系，提升政府形象。

复次，推动政府信息化，构建电子政府，能够促进信息资源的高效共享，降低行政管理成本，实现网络融合、管理与服务协同。有效的信息管理与处理，将大幅提升信息资源的共享程度，从而为国家节约管理费用，减少人力成本。

最后，智慧政府的建设还能够全面提升公务人员的整体素质。电子政务的支持，不仅能够拓宽公务人员的视野，改变其工作观念，更重要的是，通过培训和实践，提高他们的信息化技能，这对于提升我国政府公务员的整体素质具有深远影响。

智慧政府信息化是中国政府适应新时代要求、推动经济社会高质量发展的重要举措，对于提升国家治理体系和治理能力现代化水平，具有极其重要的战略意义。

（二）智慧治理

智慧城市治理是一种先进的城市管理理念，其依托现代信息技术，构建了一个集约化的城市综合管理平台，通过整合信息资源，实现城市管理的科学化、精细化、高效化和可持续发展。近年来，智慧城市管理的概念已从早期的"数字城管"扩展到了"大城管"，涵盖了一系列城市管理领域的全方位升级，包括但不限于市政管理、市容管理、公共安全、交通、基础设施、公共服务设施管理及常态事件处理与非常态突发事件应对等。通过引入物联网技术，每个城市元素和设备都被赋予了独特的数字标识，并融入整个智慧城市管理系统数据库中，实现了全方位的数字化。

智慧城市管理平台利用先进的数字化技术，如监控系统、信息集成、呼叫中心等，能够在第一时间收集并传递城市运行的各种信息至城市综合监督与管理中心，从而实现实时监控和科学现代化管理。从"数字城管"起步，智慧城市管理逐渐扩展到城市级的综合监控与管理中心的建设，以实现城市多方面的信息互联互通与数据共享。我们的目标是构建一个全面覆盖市政、城市管理、交通、公共安全、环境保护、节能、基础设施等方面的数字化和智能化综合管理体系，以推动城市信息化的深入发展和建设。

（三）智慧民生

智慧民生是智慧城市建设的核心组成部分，旨在通过智慧民生社会综合服务信息化平台和电子政务构建起政府、服务业、企业和城市的数字化桥梁，实现数据的互联互通与共享。发展重点包括市民卡、电子商务、现代物流、社区信息化等，旨在整合各类智慧服务，如智慧社区、智慧医疗、智慧教育、智慧养老、智慧旅游、智慧生态环境、智慧商务与物流，以及各类网络增值服务、连锁经营、专业信息服务和咨询中介，以打造全新的现代服务业模式和业态。

现代服务业指的是在经济高度发展阶段形成的一种信息和知识相对密集的服务行业，包括通过技术改造和经营模式创新的传统服务业，以及随着信息技术快速进步而兴起的新兴服务业。智慧城市的现代服务业发展模式强调市场导向、产业整合和社会化运作，致力于打破信息壁垒，消除"技术孤岛""资源孤岛"导致的"信息孤岛"现象，确保服务提供者能以高效和低成本的方式满足市场需求。

实施智慧民生社会信息化，应以推广城市"市民卡"应用作为先导，以构建城市社会化公共服务体系为核心，推动智慧民生领域的信息互联互通与数据共享。以共性技术支撑、跨领域协作、创新模式探索和促进民生产业增长为指导原则，加速智慧城市的现代服务业发展进程。

（四）智慧产业

以信息化带动工业化，是中国在智慧城市建设背景下提出的重要发展战略。智慧城市的产业信息化平台和电子政务的构建，搭建了一个联通政府、企业及城市服务业间的信息化桥梁，促进了信息的互联互通与数据共享。这一战略不仅旨在实现科技含量高、经济效益好、资源消耗低、环境污染少的发展模式，而且体现了对人力资源优势的充分发挥，形成了具有中国特色的新型工业化路径。

工业化与信息化虽性质不同，但相辅相成。工业化通常指由传统农业社会向现代工业社会转变的过程，其核心在于采用大机器生产方式。而信息化则是加速信息科技发展及其应用，提升信息在经济与社会各领域普及程度的过程。两者之间的关系表现为：工业化提供了物质基础和载体，而信息化则成为推动工业化进程、提升其效率的动力源泉。它们共同促进，协同发展。

信息化带动工业化的关键在于推动产业的信息化转型。这涉及利用现代信息技术（如计算机、网络、通信技术）支持产业与企业的产品研发、生产、销售、服务等环节，实现从信息采集、加工、管理到流通的全面优化，以达到供应链管理和电子商务的高效运作。产业信息化的程度直接影响到以信息化带动工业化战略的成功实施及产业、企业竞争力的提升。作为国民经济的基本单元，企业的信息化水平既是经济整体信息化的基础，也是实现信息化带动工业化、迈向智慧制造战略目标的核心要素。

综上所述，以信息化带动工业化战略，通过智慧城市的建设与管理，有效整合了政府、企业和社会的信息资源，旨在构建一种集约、智能、绿色的经济发展模式，为中国乃至全球的可持续发展提供有力支撑。

三、智慧城市系统工程方法论

（一）系统工程原理

所谓系统，是由若干相互联系、相互作用的要素构成的一个有机整体。这个整体称为“统一体”，也叫作“整体”或“总体”。系统内的各部分可以视为分系统或子系统，而整体又可能作为更大系统的一部分。系统具有特定的结构、功能、行为和成果，这些特质由构成系统的要素及其相互关系决定，且整体的功能和行为往往是部分所不具备的。

从系统工程的角度审视，系统的属性主要包括以下几个方面。

1. 集合性

系统由众多可以区分的要素组成，这些要素相互独立且共同作用形成整体。

2. 相关性

系统内要素之间、要素与系统本身及系统与外部环境之间存在各种关联和联系。

3. 层次性

系统可以被纵向和横向地划分为不同层级，上下层之间形成包含与被包含、覆盖与被覆盖、集成与被集成的关系。

4. 整体性

系统作为一个整体存在，与外部环境互动，并对其产生影响。

5. 涌现性

系统整体展现出其组成部分所不具备的新特征，以及不同层级间的新兴特性。

6. 目的性

系统工程所研究的对象都有特定的目标或功能，分解为多层次或类别形成指标体系。

7. 适应性

系统能适应外部环境的变化以维持生存和发展。

现代社会中的工程属性分为广义和狭义两种理解。狭义上的工程是指运用科学知识和技术，通过组织、管理和生产，将物理原材料和逻辑知识转化为具有使用价值的人造产品的过程。广义上的工程则指的是由多个单一产品集合而成的复杂系统，如信息工程、土木工程、交通工程、航天工程、军事工程等，这些系统不再仅限于单一分立的产品。

系统工程所研究的系统是动态、开放的，具有反馈机制的非线性社会系统，同时也是实体系统和概念系统的复合体。系统的变量可能是连续的，也可能是离散的，其运行方式既可能是串联的，也可能是并联的，甚至是串并联混合型系统。开放的复杂巨系统是由不同形态和工作方式综合集成而成的系统。

（二）系统工程方法论

系统工程的学科性质、研究对象、所采用的方法与实施条件，构成了系统工程的理论框架，这一框架被统称为系统工程的“系统工程方”或“系统工程理论体系”。从本质上看，系统工程是一门组织管理的技术，着重于对复杂系统进行设计、建立、运行与改造，这是系统工程的核心意义之一。

所有旨在改变客观世界、从系统视角出发开展的工程实践，均可统称为系统工程。这种定义的创新之处在于拓宽了系统工程的概念范畴，不仅包括了传统的系统设计和构建过程，还涵盖了所有基于系统观点规划、设计、建立与操作系统的科学技术。简而言之，系统工程就是运用系统这一概念来改造客观世界的科学实践，其关键点在于利用系统概念与服务于实际需求两个层面。

作为一门以系统科学为基础的学科，系统工程是“系统”与“工程”两个概念的整合。其中，“工程”为主语，代表实践的中心；而“系统”作为限定词，突出系统工程的独特性质——采用系统理论与方法进行工程实践活动，强调将系统作为分析与解决问题的主要视角，运用系统观点与系统方法深入理解与处理工程中的复杂问题。

在系统工程的实践中，强调“讲实干”的基本精神至关重要。这要求系统工程师不仅关注理论的科学性，更要注重将理论应用于实际，采取有效的措施解决具体问题，推动客观世界的具体改变。将“系统”置于工程之前，旨在强调系统工程的特色在于系统化思考与处理，即将工程实践视作系统性活动，利用系统化思维模式和方法工具去认知和解决工程问题，确保实践活动更加高效、有序。

1. 系统工程的科学性质

系统工程属于系统科学体系中的工程技术。准确地说，系统工程是办事的技术，即办成、办好事情的组织程序和方法。不论这种事情是经济的、科技的、文化的、军事的、政治的、外交的等，都需要应用系统工程。

2. 系统工程的意义

系统工程的重要性体现在多个维度上，它是连接现代工农业生产和复杂科技体系的重要纽带，标志着人类对客观世界的认识和改造进入了一个新的阶段。从理论认识的角度，系统工程改变了人们对自然界、技术领域和社会现象的理解方式，实现了从传统零散思维向整体系统思维的跃进。这一飞跃在自然科学、工程技术与社会科学之间搭建了桥梁，极大地促进了跨领域的合作，为不同学科背景的专家们共同解决复杂问题提供了可能。

系统工程的实际意义尤为显著，主要源于其广泛的适应性。不论是在社会生活的哪个层面，无论是自然环境、生产制造、社会管理还是日常生活，都存在着复杂的系统。对于这些系统的组织、建设和运行，都可视为系统工程。正是这种普遍性和适用性，使得系统工程能够应用于各种类型的社会活动，涵盖科学研究、工业生产、城市规划、教育管理等多个领域。

在实施过程中，系统工程强调全面考虑各要素间的相互关系，以及它们对整体系统的影响，从而实现效率最大化和资源优化配置。通过采用系统工程的方法，我们可以对复杂系统进行有效分解，明确各个组成部分的功能与交互，制定合理的策略和方案，确保系统能够稳定、高效地运行。

总而言之，系统工程的价值不仅在于它作为解决复杂问题的强大工具，更在于它促进了不同学科之间的协同创新，推动了人类社会向更加智能化、高效化的方向发展。

3. 系统工程的方法

系统工程方法的核心在于构建模型，以直观且具象的方式描绘并理解复杂的系统及其实体间的相互关系。模型作为现实世界系统的一种抽象体现，是实际系统或过程的精炼描述，通过对客观事物及其运动规律的定量简化，我们能更好地理解和操控它们。模型不仅是对客观事物的模仿或概括，更是理解、分析、设计及改进原型的关键工具，帮助我们把握系统全貌，发现潜在问题，并制定出更为合理有效的解决方案。

在系统工程中，模型扮演着至关重要的角色，它是系统开发流程中的不可或缺部分。通过构建一系列模型，我们可以深入探究系统功能、结构、技术、标准、信息基础设施之间的物理和逻辑联系，同时展现系统内部规律、行为、特性和运作机制。这些模型不仅有助于清晰阐述系统的内在逻辑，还为预测系统响应、评估系统性能提供基础，从而促进系统的优化和创新。

系统工程的模型构建涵盖了多种类型，如规划模型（用于决策支持和战略规划）、概念模型（侧重于系统的初步设想）、逻辑模型（关注系统组成要素间的逻辑关联）、物理模型（基于物质实体和物理定律）等，每种模型根据研究目的和层次不同而有所侧重。系统工程采用了建模与系统量化的综合方法，旨在通过这些模型实现对复杂系统的精确描述和有效管理。这种方法的实践，极大地丰富了系统分析、设计和优化的工具箱，使系统工程成为一门融合了数学、工程学、管理学等多学科知识的应用科学。

4. 系统工程组织形式

总体设计部作为型号产品研发的核心部门，其性质与意义超越了单纯的技术范畴，涵盖了技术与管理的双重维度。从技术层面来看，总体设计部的核心任务是系统性地设计一个型号产品，这一过程涉及从研发初期的概念形成，到产品设计、试验验证、定型生产和后续的系统集成，最终形成一套完整的产品体系。总体设计部实际上集成了产品设计、系统集成和生产管理三大职能，实现了技术设计与生产准备的紧密结合。

具体工作过程中，总体设计部负责将初始阶段的模糊研发需求细化为明确的研发任务，进一步将其分解为各专业领域可执行的具体工作项目。这一过程要求团队成员具备跨学科的专业技能与协调能力，确保各项任务能够高效、有序地推进。在完成各自承担的工作后，总体设计部将这些独立的部分进行整合，形成一个在技术上合理、经济成本可控、研制周期短且具备良好协同性的整体系统。此外，该系统需充分考虑与其他更大系统之间的兼容性和协作性，以确保其在更广阔的使用环境中发挥预期作用。

在组建原则方面，总体设计部通常强调团队的专业互补性和协调能力，确保成员之间能够有效沟通与合作。同时，部门的组织结构往往倾向于扁平化，以减少决策层级，提高响应速度和决策效率。在工作方式上，总体设计部强调项目管理的系统性和过程控制的重要性，运用先进的项目管理工具和技术，对研发进程进行精细化管理，确保各环节紧密衔接，整个产品研发过程既遵循严谨的科学逻辑，又充满创新与灵活性。综上所述，总体设计部在型号产品研发中扮演着关键的角色，其工作不仅涉及技术细节的挖掘与实现，更包含了项目管理和团队协作的深层次考量，是推动技术创新与应用实现的重要驱动力。

（三）智慧城市复杂巨系统

系统工程在面对复杂巨系统时，采取了一种综合性与结构性并重的方法，融合了还原论与整体论，分析法与综合法，形成了独特的研究策略。这类系统的特点在于组成它的分系统或子系统的数量庞大，相互间的关系错综复杂，这使得整体系统展现出巨大的规模和高度的动态交互性。

在复杂巨系统的研究框架内，系统被视作多个部分的集合体，而每一个部分都具有一定的自主性，但同时也与整体系统及其他部分保持着密切的联系。为了理解这样的系统，研究者首先会聚焦于系统各个部分，对它们进行深入的分析与细致的描述。这一阶段，通过细致观察和研究，各个组成部分的内部运作机制、功能特点及它们与其他部分之间的互动模式得到清晰揭示。

在此基础上，我们将获得的各个部分的详细信息综合起来，构建出对整个系统“整体”的认知图景。这种综合不仅仅是简单的信息堆积，而是需要在深入理解各部分特性的前提下，通过建立模型、构建算法或采用其他系统工程工具，将各个部分的功能、性能及相互影响的关系有机整合，形成对系统整体行为、特性及潜在功能的全面理解。这种方法强调了系统“部分”与“整体”之间的辩证统一关系，即通过精细分析“部分”，我们才能准确把握“整体”的全貌和内在规律。

对于开放的复杂巨系统而言，除了内部的复杂性和多层次结构外，其还面临着与外部环境的多维关联与动态交互。因此，在研究和处理这类系统时，我们不仅要考虑内部要素间的相互作用，还要考虑到系统与外界环境的互动，以及环境变化对系统行为的影响。这要求研究者采用更加灵活和动态的方法，比如模拟、仿真技术，以及多学科交叉融合的研究视角，以捕捉系统在不同条件下的表现和演化趋势。

综上所述，系统工程在处理复杂巨系统时，通过精细分解、深度分析与综合整合的过程，以及对内外部关联性的全面考虑，提供了一套行之有效的研究方法，旨在深刻理解复杂巨系统的本质特征与运行规律，从而指导相应的设计、优化与管理实践。

第二节　智慧城市大数据人工智能应用

一、智慧城市大数据结构化体系

构建智慧城市的大数据结构化体系，是推动人工智能神经网络在城市治理和服务中发挥关键作用的基础。在建设这样的系统时，从信息与数据之间的关系入手，并掌握智慧城市信息系统集成与大数据共享交换的设计方法至关重要。为了构建高效、有序的信息平台与数据库，我们采用面向对象设计方法，这一方法直接围绕实际需求领域中的实体对象构建信息系统和数据库模型，以此实现系统化、结构化、标准化的目标。

面向对象设计方法基于以下几个核心概念：面向对象的分析、面向对象的设计、面向对象的实现和面向对象的测试与维护。其中，面向对象的分析着重构建分析模型中的对象，这些对象代表需求域中的实体，它们的属性与行为直接反映所对应事物的静态特征与动态活动。属性与行为需与现实世界中的事物保持一致，通过“类”（数据类）概念，将具有相似属性和行为的对象组织起来，以此体现事物的分类与组合方式。进一步地，通过对象的结构描绘事物的类别与组合关系，消息连接与实例连接则用于展示事物间的动态和静态联系，不论是对单个实体的描述，还是对实体间关系的刻画，分析模型均能完整保留其原始形态，不加转换，不打破原有界限，进行重组，确保分析模型与需求域的紧密对应。

这种设计方法的独到之处在于其对真实世界对象的直接映射，以及对需求域原貌的精确保留，这使得面向对象的分析不仅有助于理解和识别问题域中的实体与实体间的关系，而且能够为后续的设计、实现与维护提供坚实的基础，进而促进智慧城市的高效运营与创新服务的持续发展。

（一）智慧城市大数据总体架构

在构建了智慧城市大数据的结构化体系之后，为了适应人工智能深度学习的应用需求，我们需要进一步规划一套系统化、结构化、标准化的智慧城市大数据总体架构。鉴于当前的技术条件和实际情况，直接运用基于对象的元数据进行清洗、抽取，从而形成适用于人工智能深度学习的数据类体系，几乎是无法实现的。基于智慧城市大数据挖掘、分析与可视化的实践经验与理论指导，我们提出了一种建立“可视化集成平台”的建设模式。通过这一平台，我们不仅实现了各类行业级二级平台的系统集成，同时也解决了行业主题数据库、基础数据库的系统化、结构化与标准化转换难题，进而为智慧城市大数据人工智能深度学习提供了必备的条件。这一“可视化集成平台”的构建模式，能够满足智慧城市大数据人工智能应用的任何需求。

智慧城市大数据总体架构的概念可以被解析为三个部分：一是智慧城市大数据，指的是特定于城市运行、管理与服务的数据集合；二是可视化大数据，涵盖了经过精心处理与呈现，便于理解与决策支持的数据集合；三是网络开源大数据，指通过互联网获取的、公开可用的各类数据资源。这三个部分共同构成了智慧城市大数据的全貌，为智慧城市建设和运营提供了全面、深入的数据支撑。

（二）智慧城市大数据库

智慧城市大数据库是一个多层次、多维度的数据集合体，其核心构架包括行业业务应用数据库、行业管理主题数据库及共享交换基础数据库。其中，共享交换基础数据库是整个架构的基础支撑，它包含着人口、法人、宏观经济、地理信息、政务、民生、治理、企业多个领域的基础数据，共分为八大基础数据库，为智慧城市提供了丰富的底层数据资源。

与此同时，智慧城市行业级主题数据库则是针对不同行业领域定制化的数据仓库，包含了政务、城管、应急、安全、交通、节能、设施、市民卡、民生、社区、卫生、教育、房产、金融、文体、旅游、建筑、住宅、商务、物流、企业等行业的专属数据库。这些数据库根据各行业特有的管理、服务、运行需求，汇集并整合了大量的业务相关信息，形成了各自特色鲜明的数据集。

按照智慧城市行业数据集分类编码规范与要求，上述行业级主题数据库中汇聚的信息会被进一步整理、归纳，并根据具体行业业务需求转化为业务元数据（类）。这里的业务元数据是对应用数据库中元数据（对象）的抽象与聚合，即通过识别具有共同特征的对象集，并进行逻辑组合与封装，从而形成更加高效、易于理解和操作的数据结构。这种精细化的元数据组织方式，为提升数据利用效率、增强数据分析能力及促进跨行业数据互联互通提供了强有力的支持。

（三）智慧城市可视化大数据库

可视化大数据库由目标数据库、要素数据库与数据集数据库组成。

1. 可视化目标数据库

在构建智慧城市时，为了满足各级领导对于城市运行决策、态势评估和未来趋势预测的需求，以及对领导桌面大数据可视化分析的高要求，明确智慧城市可视化目标数据是至关重要的一步。这一目标数据集应当综合全面且深入，包含但不限于综合态势、监测预警、突发事件、城市治理、要素监测、民生民意、企业经济和社会动态等多个维度的信息。这些数据和信息共同构成了智慧城市决策和预测的基础，为领导提供决策支持。

目标数据的构建和呈现依赖人工智能技术，特别是人工智能卷积神经网络。CNN作为一种深度学习模型，擅长从复杂的输入数据中自动识别和提取特征。在智慧城市应用场景下，CNN 能够高效地从海量要素数据中提取出具有高度相关性和重要性的特征值，这些特征值不仅包括直接反映城市运行状态的宏观指标，也包括那些能够揭示潜在趋势和模式的关键信息。

通过这样的技术手段，我们可以实现对城市多维数据的有效整合和分析，形成智能决策支持体系。具体而言，综合态势部分关注城市的总体发展趋势和关键指标；监测预警系统则利用实时数据提供风险和机遇的早期提示；突发事件应对则侧重于快速响应和有效管理；城市治理模块关注城市管理的日常运营和效能提升；要素监测关注关键资源的使用与变化；民生民意数据反映公众的诉求和满意度；企业经济数据提供商业活动和经济发展的重要信息；而社会动态数据则捕捉社会变迁和文化趋势。通过AI技术从这些要素数据中提取的特征值，我们可以满足智慧城市决策和预测的目标需求，从而实现更高效、更精准的城市治理和服务。

2. 可视化要素数据库

在构建智慧城市时，为了有效地支持综合治理与公共服务，我们需要先对数据与信息的需求进行明确和细化。这涉及将总体目标数据分解成多个具有特定意义的二级子项数据，以确保每部分数据都符合智慧城市运行和决策的支持需求。这些子项数据通常会基于其核心功能和应用场景被进一步细分，形成涵盖广泛领域的要素数据集。

各要素数据集通过人工智能卷积神经网络等先进的机器学习技术进行处理，从海量数据中提取出与智慧城市治理和公共服务最相关的特征值。这些特征值包括但不限于关键指标的变化趋势、风险预警信号、潜在机会点等，有助于决策者迅速识别问题、制定策略，并预测未来的可能性，从而实现更为智能、高效的城市管理和公共服务。通过这种方法，智慧城市能够更好地适应复杂多变的环境，提供更加个性化、及时的服务，推动社会进步和经济发展。

3. 可视化数据集数据库

在构建智慧城市时，为了有效地支持综合治理与公共服务的目标，我们需对数据与信息的需求进行细致分解。这涉及将总体目标数据进一步细分为具有特定意义的三级次项数据集数据，每部分数据都需针对其核心应用和场景进行设计，以确保其能够支持智慧城市各个层面的高效运行。

通常，这样的数据集数据构建基础来自于八大基础数据库和各类行业主题数据库中的业务元数据。这些元数据包含了丰富而详尽的信息资源，涵盖了城市基础设施、交通、环境、经济、社会、公共安全等多个关键领域。通过对这些元数据的深度挖掘和分析，智慧城市可以获取到关于城市状态、功能运转、资源分配及公众需求等多维度的详细信息。

进一步地，利用人工智能卷积神经网络等高级数据分析工具，我们可以从这些业务元数据中自动提取出最具关联性和高权重的特征值。这些特征值往往代表了关键的模式、趋势或者风险点，对于智慧城市综合治理和公共服务而言至关重要。它们能够帮助决策者做出更精准的判断，提供更有效的解决方案，实现资源的最优配置，同时也能满足城市日常运营、危机应对、公众服务等方面的具体需求。

最终，通过这样的数据分解和深度挖掘过程，智慧城市能够建立起一套完善的数据生态系统，不仅能够支持各级管理者进行科学决策，还能够为公众提供便捷、高效、个性化的服务体验，从而推动城市的智能化、可持续化发展。

二、智慧城市大数据人工智能应用分析

智慧城市的大数据表示与特征项选择，是大数据挖掘、信息检索及人工智能领域的核心议题。这一过程旨在将原始的大数据集合转化为可被计算机识别和处理的结构化形式，通过数学建模来描述并代替大数据，以此来支持高效的人工智能应用与决策制定。面对大数据的非结构化、非标准化特质，将其转化为可处理的结构化形式显得尤为重要，我们通常采用向量空间模型进行描述，此方法通过量化特征项来构建大数据向量。

然而，直接使用数据算法与统计方法生成的特征项表示大数据向量时，向量维度会异常庞大，这不仅增加了后续处理过程的计算负担，降低了工作效率，也直接影响了分类与聚类算法的精确度，进而影响结果的准确性与实用性。为解决这一问题，特征项选择成了优化大数据向量处理的有效手段，旨在保留大数据本质的同时，精简特征项，提高算法效率与结果质量。

大数据特征项提取作为跨学科研究领域，融合了数据挖掘、机器学习、模式识别、人工智能、统计学、计算机语言学、计算机网络技术与信息学等多个分支，致力于从海量、多样、分布的大数据中揭示隐藏的知识与模式。相比于传统的数据挖掘，它面对的是更大规模、更复杂的 Web 文档与无明显结构的数据集，因此在表示大数据时，我们不仅要足够全面反映数据特征，还需保持简洁以适应机器学习算法的需求。

当前的大数据表示研究重点集中于模型选择与特征项选择算法的开发。特征值，作为大数据的基本表示单位，应满足以下特性：一是能准确标识大数据的内容；二是具备区分大数据与其他数据的能力；三是数量不宜过多，避免过拟合风险；四是易于进行特征项分离，便于数据处理与分析。通过优化特征项选择，大数据的表示得以精简，既保留了其丰富信息，又简化了后续处理流程，增强了算法的适用性与结果的准确性，从而在智慧城市中发挥更为有效的作用。

第三节　智慧城市大数据卷积神经网络应用

一、智慧城市大数据特征表示方法与算法模型

（一）互信息

互信息作为一种重要的度量工具，主要用于衡量元数据与类别之间的统计独立关系，是数据分析与机器学习领域中的关键指标。在具体应用中，互信息能够帮助我们理解数据对象间的关系，尤其是在过滤任务中，用于评估特征区分主题的能力。这一

度量方式与交叉熵的概念密切相关，实质上是用于量化两个随机变量之间的信息共享程度。

互信息在信息论中被视为信息之间的关联程度的度量，其核心在于度量两个随机变量之间的统计相关性。在构建数据关联统计模型时，利用互信息进行特征抽取的前提是，那些在某一特定类别下频繁出现而在其他类别下相对较少出现的特征值与该类别的互信息量通常较大。因此，互信息常被用作衡量特征值与类别之间关系的指标，特别是当特征值属于特定类别时，其与该类别的互信息量达到最大值。

值得注意的是，互信息计算方法不需对特征值与类别之间的关系性质做出任何假设，这使得它特别适用于大数据分类任务中的特征和类别匹配工作，尤其是那些数据集特征复杂且数量庞大的场景。

互信息与特征之间的关联度被认为是标准的数据关联模型建立策略之一。相较于信息增益而言，计算互信息的时间复杂度大致相当。在实际应用中，互信息的平均值等同于信息增益，用于特征选择时其提供了一种较为直接的评估依据。

然而，互信息在评估特征时的缺点在于，它过分依赖于数据边缘概率，这意味着对于那些虽然在小样本中频繁出现，但在总体数据中并不显著的特征，互信息可能给予过高评价。这一特点使得互信息分类效果相对较弱。相比之下，基于数据频率、卡方检验、连续性校正卡方检验等方法的分类效果通常更好，特别是在评估特征与类别之间关联性时，这些方法更能提供稳健且准确的度量。

综上所述，尽管互信息在一定程度上提供了特征与类别关联性的定量评估，但其在特征选择过程中的一些固有局限性，例如对数据边缘概率的过度敏感，限制了其在某些应用场景下的性能表现。因此，在实际应用中，我们需要根据具体情况灵活选用合适的特征评估方法，以获得最佳的模型性能。

（二）交叉熵

交叉熵，亦称为“KL 距离”，是用于衡量两个概率分布差异的一种统计学指标。在特定数据集出现的背景下，交叉熵能够反映大数据类别概率分布与其真实概率分布之间的距离。特征值的交叉熵越高，意味着该特征值对大数据类别分布的影响越大。相对于熵特征选择方法，交叉熵的应用往往能带来更佳的效果，特别是在信息增益的对比下。

为了提升互信息评估方法的稳定性和计算效率，我们可将其与二次函数结合，进而形成基于二次熵的互信息评估函数。通过这种改进，传统的互信息评估方法在引入二次熵概念后，不再像之前那样存在随机性，从而成了一个确定的量，适合作为整体信息度量的标准。此外，这种方法的计算复杂度相比传统互信息的计算要小得多，这使得它在基于分类的特征选择任务中更为高效。

二次熵的概念是广义信息论中提出的一个重要理论，其在信息处理、数据挖掘等领域具有广泛的应用前景。通过将二次熵应用于互信息评估中，我们不仅提高了方法的可靠性和效率，还在一定程度上优化了特征选择过程，使其更加精确和快速。这种方法不仅丰富了特征选择的理论框架，也为实践应用提供了更为实用的工具，推动了数据分析与机器学习领域的技术进步。

（三）信息增益方法

信息增益作为一种经典而强大的机器学习特征选择方法，在过滤任务中起到了关键作用，它通过量化一个特征对于预测目标变量提供信息的能力，来辅助选择最具预测性的特征。在具体操作上，信息增益通过计算特征对数据集信息熵的贡献来进行评估，即特征所带来的不确定性降低的程度。这意味着如果一个特征能显著提高我们对于目标类别的理解或降低不确定性，那么它就具有较高的信息增益。

在实际应用中，信息增益通常用来判断哪些特征在预测任务中表现得更好。例如，一个特征如果在正例样本中出现频率较高而在反例样本中出现频率较低，或者反之，则这个特征对分类任务的预测能力较强。通过计算每个特征的信息增益值，我们可以筛选出对预测任务最有利的特征集合，以此为基础构建决策树或其他模型，从而达到优化模型性能的目的。

不过，信息增益方法并非完美无缺。其核心缺陷在于对特征未出现在数据中的情况进行了考虑，这在数据集特征分布不均衡的情况下尤为突出。当数据集中绝大多数样本属于同一类别，且许多特征在此类别下几乎不出现时，信息增益计算可能会被这类“沉默”特征所主导。这些特征虽然可能在理论上对数据熵有贡献，但其在实际应用中对决策却很少产生影响。因此，尽管它们在信息增益计算中会得到较高的分数，但对分类任务的实际效果却并不理想。这导致信息增益在某些场景下分类性能可能不高，尤其是在数据集中类间不平衡程度较大的情况下，因为它没有充分考虑到这些特征在真实应用场景下的价值与影响。

（四）X2 统计量方法

X2 统计量作为度量特征 W 与主题类 C 之间独立性的工具，在数据分析和机器学习领域具有广泛应用。当特征 W 与主题类 C 之间呈现完全独立的状态时，X2 统计量值趋向于 0，反之则说明两者间存在关联。这一度量方式能够直观反映两者间关系的紧密程度，为特征选择提供了有力的依据。

与互信息相比，X2 统计量作为非归一化的统计指标，其计算复杂度接近于二次复杂度，与互信息和信息增益的计算相似。尽管 X2 统计量同样关注特征与类别间的相关信息含量，但其与互信息的最大不同之处在于其规范化特性。规范化处理使得 X2 评估结果在同类特征间具有可比性，增强了评估的公正性和一致性。然而，X2 统计量在处理低频特征时显得较为欠缺，因为这类特征的统计表现容易受到极端值影响，导致评估结果的稳定性不佳。

在特征抽取过程中，X2 统计方法的运用建立在这样的假设之上：高频特征在不同类别中仍保持较高的相对频率，这有助于增强模型对特定类别的识别能力。通过使用 X2 统计量进行特征选择的算法，其分类准确率往往能在实验中达到最高水平，且分类效果相对训练集的变化而言较为稳定，展现了较好的泛化能力。

特别是在面对智慧城市中政务、民生、治理、产业等大数据分类任务时，采用了 X2 统计量的分类系统能够展现出优于传统方法的分类性能。这是因为 X2 估计方法在处理复杂、多维度、高交叉特征时，能够更有效地捕捉特征间的关联性，从而实现更精确的分类。此外，X2 估计的可靠性高，便于程序的维护和控制，减少了因训练集变化而需要人为调整特征阈值大小的麻烦，体现了其方法的高效性和实用性。

（五）遗传算法

大数据实质上是由丰富特征构成的高维空间，特征选择的过程就是在这一空间中寻找最优化解决方案的探索过程。在大数据特征提取的研究中，高效寻优算法的运用至关重要。遗传算法作为一种通用优化搜索方法，通过模拟生物进化的过程，实现群体最优解的发现。其核心在于结构化的随机信息交换技术，通过选择、交叉、变异等操作，不断优化群体中的基因串，从而在问题域空间内寻找到最优解。

在将大数据特征提取问题转化成多维空间寻优问题时，我们首先需要对 Web 大数据空间进行遗传编码。这里，每个大数据向量被视为染色体，通过一系列遗传操作如选择、交叉、变异等，不断迭代优化，最终达到适应 Web 大数据特性的特征向量。遗传算法的高效性在于它能适应动态变化的数据环境，通过不断优化群体基因，逐步收敛到最优解。

基于协同进化的遗传算法则进一步提高了这一过程的效率。不同于传统的遗传算法依赖静态环境评估个体，协同进化方法允许个体通过与其他个体的互动来相互评价和竞争。这种评价机制基于共同的生存环境，意味着个体的适应度由同类个体共同决定。这种方法尤其适合处理同质大数据集的问题，因为在进化过程中，同类数据间的相互评价和竞争可以更好地反映数据集内部的固有模式和规律，从而有效提取出反映整个大数据集合特性的最优特征向量。协同进化算法不仅能够准确反映特定类别的特征，还能揭示数据集中普遍存在的共性，为解决同类大数据的特征提取难题提供了一种高效、精准的途径。

二、智慧城市大数据特征提取的主要方法

（一）数据分类分析法

大数据特征提取主要依赖于数据分类分析法，这是一种聚焦于数据本质特征的处理方式，而非单纯通过筛选特征来实现维度的缩减。相反，其目的是构建一个由正交向量组成的较小变量集合，使得该集合能够充分捕捉原数据的核心信息。通过这一过程，原数据能够被映射或投影至这一较小的集合，实现数据的有效重构与简化。

在特征提取的过程中，主成分分析是一种广泛使用的技术，它根据数据的方差—协方差结构来进行分析。主成分分析的处理方法可以分为数据方法与矩阵方法两大类。矩阵方法通过构建协方差矩阵，并对其特征向量进行求解，从而确定数据的主要成分。这一过程实质上是对原始数据进行了矩阵的对角化处理，使我们能够识别出最能代表数据多样性和复杂性的方向。

在处理大规模数据时，直接应用矩阵方法面临着计算复杂度随数据量线性增加的问题，尤其是当数据集大小（n）较大时，计算量将以二次方增长。为此，研究者们开发了基于 Hebbian 学习规则的 PCA 神经网络方法。这种方法通过神经网络的学习机制，更高效地逼近主成分分析的目标，减少计算负担，尤其适合于大数据场景下的特征提取任务。

数据分类分析法作为特征选取的一种重要手段，能够在不牺牲信息完整性的前提下，揭示出数据中更多关联变量的主要方向。尽管如此，矩阵方法在求解过程中往往需要借助奇异值分解等数学工具，这虽然提供了矩阵对角化的方式，但在处理大规模数据时，我们可能会遇到计算效率和资源消耗的挑战。因此，发展更高效的特征提取算法，以及针对不同数据规模和特性的优化策略，仍然是当前数据分析领域的研究热点。

（二）模拟退火算法

特征选取可以看成一个组合优化问题，因而可以使用解决优化问题的方法来解决特征选取的问题。模拟退火算法就是其中一种方法。模拟退火算法是一种很好的解决优化问题的方法，将这个方法运用到特征选取中，理论上我们能够找到全局最优解；但对于初始温度的选取和邻域的选取要恰当，我们必须找到一种比较折中的办法，综合考虑解的性能和算法的速度。

（三）N－Gram 算法

N－Gram 算法的基本理念是将大数据按照字节流的方式，使用固定大小为 N 的滑动窗口进行遍历，从而生成一系列长度为 N 的字节片段，这些片段被统称为 Gram。接

着，我们对所有生成的 Gram 进行频度统计，并根据预设的过滤阈值筛选出关键 Gram，以此形成大数据的特征向量空间。在这里，每种 Gram 对应着特征向量的维度。得益于 N - Gram 算法的无偏性，其特别适用于中文大数据的处理，因为中文大数据处理通常涉及复杂的字节流分解，且无须考虑中文独特的语义描述问题。

在中文大数据处理中，我们普遍采用的是双字节的分解方法，也即 Bi - Gram。然而，这种处理方式在应对大约 20% 的中文表示数据标识时，容易引发语义和语序上的偏差，特别是对于高度专业化和复杂性的研究领域，多词的聚合是大数据分析的关键特征，错误的处理可能会带来显著的影响。

为了改善上述局限性，我们提出了一种基于 N - Gram 的改进算法。在执行 Bi - Gram 切分的同时，该算法不仅关注单个 Gram 的出现频度，还重视 Gram 与其前邻 Gram 之间的关系，并将其记录在 Gram 关联矩阵中。通过设定特定的阈值，算法能够识别那些连续出现频度高的 Gram，并将其合并为多字特征词。这样一来，通过对连续频度较高的 Gram 进行自动聚合，我们可以有效克服 N - Gram 算法在处理多字特征方面存在的不足，进一步提升中文大数据特征提取的准确性和有效性。

（四）各种方法的综合评价

在构建特征值与主题类别之间联系的过程中，信息增益、交叉熵和互信息等评价函数因其概率导向的特点而被广泛应用。然而，其中互信息相比于交叉熵，在效果上更显优势，原因在于它针对不同主题类别独立抽取特征值，而交叉熵则会考虑到特征值在整个主题类别分布中的情况，采取整体视角抽取特征值。尽管这些方法在英文特征提取中有其独到之处，但在处理中文大数据时，其应用效率并未达到预期水平，这主要受到以下两方面制约：

首先，中文特征提取的计算量过大，导致特征提取过程效率低下。这一环节的性能直接影响着大数据分类系统的整体效率。其次，生成的特征向量维度较高，无法直接确定特征词的权重，这在一定程度上降低了模型的解释性和准确性。

当前，利用评估函数进行特征选择的趋势日益增强。这类方法通过设定评估函数，从中挑选出最具代表性的特征集合。在众多评估策略中，每种都遵循特定的选值准则，以优化从大数据集中选出的特征项。评估函数的设计相对简单且适应性强，因此成为许多人首选的特征选择工具。通过这种方式，我们不仅可以高效地从海量数据中筛选出关键特征，还能确保所选特征具备较高的预测能力与区分度，为后续数据分析与建模工作奠定坚实基础。

三、卷积神经网络原理

（一）卷积神经网络原理分析

卷积神经网络与普通神经网络的主要区别在于其独特的架构设计，特别是包含特征抽取器的卷积层和子采样层。这些特性使得 CNN 特别适用于处理具有空间结构的数据，如图像，从而在计算机视觉领域取得了显著的成功。

在 CNN 的卷积层中，神经元之间的连接模式与传统全连接神经网络大不相同。每一层的神经元只与前一层的部分相邻神经元相连接，这种局部连接模式有助于捕获局部特征，并减少模型的参数数量，提高计算效率。

在 CNN 中，一个典型的卷积层会包含多个特征平面（Feature Maps）。每个特征平面是由一系列大小相同的矩形区域组成的，每个区域内包含一个或多个神经元。关键点在于，同一个特征平面内的所有神经元共享一组权重参数，即卷积核。卷积核通过滑动的方式覆盖整个输入图像，对局部区域进行操作并产生特征映射，这个过程能够提取出具有位置不变性或平移不变性的特征，这对于识别任务来说非常有用。在训练过程中，卷积核的权重会被调整，以适应特定任务的需求。

子采样是一种减少输出特征图尺寸的操作，它通常伴随着特征提取过程，目的是降低数据的维度，同时保留关键信息。子采样的方式有多种，最常见的是最大值池化和平均值池化。最大值池化保留了局部特征的最大值，平均值池化则取局部区域的平均值。无论是哪种方式，子采样都起到了降维的作用，帮助模型更加专注于重要的特征，同时也起到了一定的抗过拟合效果。

通过卷积和子采样的结合，CNN 能够在保持模型参数数量相对较低的同时，有效地处理高维输入数据，实现高效的特征学习和表示，这对于许多机器学习任务，尤其是视觉相关任务来说，表现出了巨大的优势。

（二）卷积神经网络结构

人工智能中的卷积神经网络主要由两个核心组件构成：一个由滤波器或称为卷积核构成的特征提取器，以及一个由神经网络构成的分类器。这两部分协同作用，使 CNN 在处理诸如图像和声音等具有空间结构的输入数据时展现出强大的能力。

特征提取器的构建基于卷积操作。在多层卷积结构中，每一层通过应用不同的滤波器来检测不同类型的特征。最初的滤波器可能专门用于检测边缘或简单的纹理，而随着层数的增加，过滤器能够检测到更复杂的组合特征。这种逐层抽象的过程使得 CNN 能够从低级的、局部的特征逐渐过渡到高级的、全局的特征，从而实现了深度学习的效果。

分类器部分通常位于特征提取器之后，它负责对提取出的特征进行分类或预测。这通常是通过全连接层实现的，尽管现代的 CNN 也可能使用更复杂的结构，如注意力机制或者层次化分类器。全连接层将最后一层的特征向量映射到一个预定义的数量上，这个数量对应于要分类的目标类别数量。

CNN 之所以在实际应用中表现出色，一个重要原因是其多层次特征提取的能力。多层结构允许网络自动学习输入数据中的复杂模式，而无须人工定义特征。每增加一层卷积，网络就能够学习到更高级别的抽象概念，这些概念往往包含了对任务至关重要的信息。这样的结构不仅提高了模型的表达能力，也降低了过拟合的风险，因为较深的网络通常需要更多的数据来防止过度学习。

因此，人工智能卷积神经网络通过结合高效特征提取与强大分类能力，提供了一种在处理复杂结构化数据时极其有效的方法。它们广泛应用于图像识别、物体检测、语音识别、自然语言处理等领域，展现出令人瞩目的性能。

四、智慧城市大数据卷积神经网络应用原理与架构

（一）智慧城市大数据应用

这一部分的核心在于构建智慧城市的大数据结构化体系，旨在实现数据资源的有效管理和应用。重点是系统化、结构化和标准化智慧城市中的“过程元数据”和“业务数据类”，这需要综合运用专家知识、传统联机业务处理与联机分析处理技术。通过数据抽取、清洗、封装和加载等步骤，我们确保数据的质量和一致性，最终将数据存储在智慧城市行业二级平台的主题数据库中，为后续应用提供基础。

（二）智慧城市大数据卷积神经网络特征提取步骤

为了高效处理大数据，特征提取阶段着重于在不破坏数据核心信息的前提下，减少数据量以优化计算效率和速度。通过评估函数计算特征评分，依据评分对特征进行排序并选择最相关的特征进行保留，这一过程称为特征选择或特征提取。此步骤对于大数据的过滤、分类、聚类和模式发现等具有重要意义。

（三）智慧城市可视化大数据应用

该环节涉及数据集成与可视化，即将智慧城市各行业的业务数据类和网络 Web 数据库中的数据共享至可视化集成平台的数据集库。利用卷积神经网络的多层结构（卷积层、子采样层、全连接层等），对数据集、要素数据和目标数据进行特征提取和构建可视化数据库，实现数据的高效可视化。

（四）智慧城市大数据决策与预测信息化

决策与预测信息化阶段，我们利用卷积神经网络输出的知识数据转换成决策与预测信息，通过“可视化集成平台”的人工智能强化学习实现。强化学习是一种学习过程，目标是根据环境状态（或“态势”）做出最优决策，以解决智慧城市中复杂决策和预测问题。通过引入强化学习功能，智慧城市管理者能够获得实时、动态的决策支持，提升城市管理的智能化水平。

（五）智慧城市大数据可视化分析展现

最后，大数据可视化分析展现环节通过整合卷积神经网络构建的数据集、要素数据和目标数据，针对智慧城市行业管理、决策指挥和趋势预测需求，进行直观的分析和展示。这些成果可通过智慧城市运营管理中心的各类屏幕、领导桌面及社会公共服务 APP 等多种途径呈现，增强决策的透明度和公众参与度。

通过这一系列的整合与优化，智慧城市的大数据应用不仅提升了城市管理的效率和精度，还增强了决策的科学性和预见性，为构建智慧、可持续发展的城市提供了坚实的技术支撑。

第七章

健康医疗大数据与人工智能

第一节　健康医疗大数据与人工智能基本概念

一、健康医疗大数据

（一）关于大健康

大健康概念是随着时代的发展、社会需求的变化及疾病谱的演变而被提出的，它全面涵盖了人的生活方方面面，包括但不限于衣食住行与生命周期的各个环节，致力于综合考量影响人类健康的多种因素，强调个体从身心到社会、环境乃至道德的全方位健康。这种理念超越了单一的身体健康层面，将心理健康、生理健康、社会适应能力、环境保护与道德素养纳入考量，旨在打造一种多维度、综合性的健康观。

不同时代背景下，人们对健康的理解和疾病防控的重点也有所差异，健康的概念在不断地丰富和完善。以美国为代表的西方国家为例，随着经济的快速发展和生活水平的显著提高，“富贵病”如心脑血管疾病、糖尿病等开始成为公共卫生面临的新挑战，政府被迫将工作重心转向疾病预防与健康促进方面。改革开放以来，中国亦经历经济的巨大飞跃，但伴随着饮食结构的调整与食品卫生安全问题，肥胖、高血压、糖尿病等慢性病的发病率显著上升，这些状况与中国社会发展阶段相吻合，推动了政府实施“预防为主”的健康战略。

大健康理念的实践不仅促进了公众健康素养的提升，引导人们采纳科学的健康指导和合理的消费习惯，倡导健康的生活方式，以增强体质、预防疾病。它还从微观到宏观，构建了涵盖家庭、社区、医疗卫生机构在内的全方位健康保障和管理体系，力图实现从被动治疗到主动维护健康、从“治病救人”到“防患未然”的转变。通过这一转变，我们期望民众能从过度依赖医疗干预转为注重日常健康管理，实现健康生活的新模式，进而促进整体社会的健康发展。

（二）大健康产业

我国各级政府正积极推动大健康产业体系的发展，以促进全民健康福祉。大健康产业分为三大类：以医疗设备、医疗卫生、制药等产业为核心，旨在提供疾病治疗与生命安全保障；以保健品、功能食品、安全用水、健康饮品等产品为主的产业，目标是延缓衰老、防范疾病，维护生命健康；以及涉及环保产业、资源产业，旨在改善公众工作和生活环境，促进健康环境建设的产业。

为了完善大健康服务体系，政府部门和相关机构提出了一系列举措：一方面，优化健康保健的公共服务，构建全民参与、共享的公共卫生与生活环境；另一方面，强化专业健康服务，包括医疗预防、预警服务、健康体检及社会与个性化健康管理；此外，加强健康信息的传播与服务，促进健康文化的普及，满足公众多元化健康需求。

大健康产业涵盖了医药产品、生物产品、化妆品、保健食品、绿色食品、医疗设备及其他与健康相关的商品和服务。它主要分为医疗性和非医疗性健康服务两大类别，包括以医疗机构为中心的医疗产业、以药品、医疗器械为主的医药产业、以保健品生产为主的传统保健品产业，以及提供个性化健康检测、咨询、调理康复和健康促进服务的健康管理服务产业。

相较于传统医疗产业，大健康产业更侧重于“防－治－养”的一体化防治模式，旨在预防疾病的发生，及时治疗，同时进行长期健康管理，提升公众生活质量。中华人民共和国科学技术部强调，发展大健康产业是推动科技创新的重要方向，鼓励和支持产业的创新发展和技术进步，以实现产业的持续升级和高质量发展。

总之，大健康产业作为核心产业和支柱产业之一，在 21 世纪将扮演越来越重要的角色，这对推动经济社会发展、提升国民健康水平具有深远意义。

（三）健康医疗大数据的定义

健康医疗大数据的概念超越了单纯的健康信息集合，它融合了大数据技术与思维方式，形成了一种全新的数据处理模式。这种模式不仅依赖于“可穿戴设备”、传感器等终端收集人体健康数据，还通过云端处理数据，为专业人员提供及时的诊断与康复建议。健康大数据平台能够收集并整合大量实时、多样化的个人健康数据，通过医生工作站共享信息，运用健康科学原理，进行深度的数据分析，从而制定出科学、系统的个性化健康指导方案。

健康大数据不仅带来了收集个人健康数据的便捷性，更重要的是其背后的技术支撑——大数据分析方法，使得在没有广泛使用个人健康信息的情况下，我们就能通过数据分析了解个体和群体的健康状况。然而，这要求大数据技术不仅要具备强大的数据处理能力，还要有深入的医学知识背景，以确保分析结果的准确性和实用性。

在医疗大数据方面，数据资源构成了其基础，主要源于患者就医过程、第三方医学检验中心、药企及基因测序等多个渠道。这些数据涵盖了患者的基本信息、检测结果、影像资料、治疗过程及费用等信息，是医疗决策的重要依据。

医疗大数据的应用广泛，包括但不限于临床诊断辅助系统、慢性病管理、医疗数据与保险的融合及医疗数据与药品研发的结合。这些应用不仅提升了医疗效率和质量，也为慢性病患者提供了更为精准的管理和治疗方案，同时，通过数据分析我们还能优化保险成本控制和降低药品研发成本，进而影响药品价格。

整体而言，健康医疗大数据与医疗大数据的结合，通过先进的技术和专业的方法，为现代医疗体系带来了前所未有的变革潜力，不仅提高了医疗决策的科学性，还推动了健康管理和医疗资源的优化配置。

（四）健康医疗大数据发展趋势

中国的健康医疗行业已正式步入大数据时代的快车道，据专业机构评估，大数据在这一领域的市场占有率有望达到近半。未来的健康医疗大数据应用趋势显著，主要体现在以下几个方面：

首先，大数据技术在临床诊断、远程医疗和药物研发等关键领域扮演着越来越重要的角色。在智慧医疗建设的推动下，诸多城市已启动数字医疗试点项目。海量的病人病历、影像资料及远程医疗服务产生的数据，正逐步形成电子病历和健康档案。借助这些数据，医疗机构能够进行精确的病例分析，以识别病患的体征、医疗费用与疗效之间的关系，从而有效避免过度医疗或高副作用的治疗方法。此外，利用大数据，远程监护得以实现，尤其是对于慢性病患者，其管理更为精细与高效。

其次，健康医疗云平台的建设步伐正在加速，成为大数据时代下支撑健康医疗信息化的关键基础设施。当前，我国智慧医疗云平台建设主要依托人口信息基础数据库、电子病历数据库和电子健康档案数据库三大核心数据库，通过云计算技术支撑公共卫生、计划生育、医疗服务、医疗保障、药品供应和综合管理等多元化业务应用，正在逐步构建国家、省级、市级及县级的四级区域人口健康信息平台，为全国范围内的健康医疗数据共享与服务提供坚实基础。

再次，健康医疗大数据的来源呈现出多样化且数据量快速增长的趋势。当前，中国健康医疗大数据主要由医院临床数据、公共卫生数据和移动医疗健康数据三大部分组成。这些数据端口不仅数量庞大，增长速度也十分迅猛，共同塑造了健康医疗大数据的庞大规模及发展态势，预示着健康医疗领域将迎来数据驱动的创新与变革。

综上所述，中国健康医疗行业的大数据应用正处于快速发展阶段，大数据在提升医疗服务质量、促进公共卫生管理、推动医疗服务创新等方面展现出巨大潜力。随着技术的不断进步与应用场景的持续拓展，健康医疗大数据必将在优化资源配置、提升全民健康水平等方面发挥更为重要的作用。

二、人工智能与医疗健康

在医疗健康领域，人工智能技术为数据收集与分析、精准医疗、医疗机器人及医疗服务优化提供了前所未有的机遇与解决方案，显著提升了医疗服务的效率与质量。

首先，医疗数据的收集与分析环节，借助人工智能，从传统手动记录转为自动化处理，极大地提高了效率，降低了人为错误的风险。例如，通过深度学习算法分析心电图数据，我们可以迅速识别异常，为诊断提供准确依据，这不仅加速了决策过程，还能在早期发现潜在问题。

其次，精准医疗则代表了人工智能在医疗健康领域的深层次应用。基于大数据和人工智能技术，我们能够进行全面的个体化治疗策略设计。通过对患者的基因组进行测序与分析，精准识别致病基因与突变，以此为基础制定个性化治疗方案，如针对癌症患者，神经元网络可以深入解析基因信息，生成定制化的治疗建议，显著提高治疗的针对性与有效性。

再次，医疗机器人的引入，则展示了人工智能在手术、诊断与日常护理等领域的潜力。机器人手术，如达芬奇手术系统，通过人工智能辅助，能够执行复杂、高风险甚至微创手术，确保手术精度与安全性。同时，人工智能在机器人诊断和常见疾病治疗中也大有作为，其通过自动化手段进行疾病识别与药物管理，进一步提升医疗服务质量。

最后，辅助诊疗与家庭看护则是医疗服务优化的重要方向，人工智能在其中的应用包括：智能医疗设备实时监测病人的生命体征，及时向医疗机构传输数据，尤其对慢性病患者而言，有助于医生根据多维度的监测数据调整治疗方案；智能化的问诊系统，使得病人能够在就诊前自行完成初步评估，减轻医生的工作负担；以及通过自动化程序实现药物的合理分配与使用，保障医疗服务的整体质量与效率。

尽管人工智能在医疗健康领域的应用前景广阔，但我们也需注意到其潜在的局限性，如可能出现的认知偏差、对专业背景知识的依赖等问题。因此，在实施过程中，我们要保持批判性思维，强调“人”的主导作用，以确保技术的正确应用，实现医疗健康领域的持续进步与创新。

总而言之，人工智能在医疗健康行业正引领一场技术革命，带来更高效、更精准、更个性化的医疗服务，旨在提升患者的生活质量。同时，我们也应充分考虑技术的边界与伦理问题，通过智慧运用人工智能技术，不断探索医疗健康服务的新范式，促进整个行业的健康发展。

第二节　大数据与人工智能的特征和应用场景

一、大数据的特征

（一）4V 特征

在探讨大数据的概念与特征时，最早的文献中指出大数据拥有四项核心特质：Volume（数据容量）、Velocity（数据速度）、Variety（数据多样性）与 Value（数据价值密度）。此外，随着时间的推移，Veracity（数据真实性）与 Variability（数据变异性）也被纳入了大数据特征的讨论范畴之中。

1. 数据容量

数据容量指的是数据量的大小，它是判断数据是否属于大数据的关键因素。互联网、移动互联网及物联网所产生的数据，因量级巨大而被归类为大数据。例如，电商平台和物流平台每日生成的数据流、城市交通系统内每日记录的乘客信息，这些都是大数据的典型例子。即便是短期内看似普通的数据，如一年或若干年内积累的航空飞行信息或气象预报数据，当它们汇聚成规模时，就具备了大数据的特性。

2. 数据速度

数据产生速度及处理、获取数据的速度，是大数据区别于传统数据的关键指标。大数据时代的来临伴随着数据产生速度的激增，传统数据库系统在处理大量数据时效率受限。随着大数据系统的发展，我们得以更快地处理和分析海量数据。

3. 数据多样性

数据类型繁多，涵盖了数字、字符、文本、图片、音频、视频及结构化、非结构化乃至半结构化数据。大数据分析的目标在于从这些多样的信息中挖掘有价值的知识，以辅助管理者和决策者制订合理的战略计划。

4. 数据价值密度

尽管大数据的价值密度相对较低，意味着在大量的数据中往往蕴含较少的有用信息。然而，通过应用先进的算法和模型，大数据分析可以从中揭示出关键洞察，为决策提供支持。

5. 数据真实性

数据的真实性关乎数据质量和数据可信度。在大数据中，信息来源广泛且形式多样，这可能伴随着虚假信息、谣言及数据失真等问题。大数据技术通过数据验证和清洗等手段，致力于辨别真实信息，剔除误导性的数据。

6. 数据变异性

数据变异性描述了数据点之间的差异程度。理解并控制数据变异性对于有效地管理和处理数据至关重要，我们应避免因变异过大导致分析结果偏差，确保数据分析的准确性和可靠性。

综上所述，大数据的六大特征不仅定义了数据集的规模、速度、多样性和价值，还强调了数据的真实性和变异性的重要性，共同构成了大数据分析的基础框架。随着技术的不断进步，我们对大数据特性的理解和应用将愈发深入，为企业决策、科学研究乃至社会管理等领域带来前所未有的机遇与挑战。

（二）不精确性与相关性

在大数据的领域中，三个关键的特点推动了分析方法与传统数据处理方式的革新：

1. 全量数据的应用

不再局限于抽样数据的分析，而是直接处理全量数据。这一转变得益于现代系统软件与工具的强大计算处理能力，允许我们对整个时间序列或特定时间段内的所有数据进行深度挖掘。无论是舆情监测、内容分析，还是视频智能分析，全面的数据覆盖能提供更完整、精准的洞察，助力更科学、有效的决策。

2. 精确度的宽容性

面对海量数据时，精确度不再是绝对要求，相反，我们倾向于从全体数据中提炼出共通特性。这种方法减轻了数据预处理的工作负担，提升了数据分析的效率和可行性。它鼓励从整体趋势和模式中寻找价值，而非纠缠于细节的准确性，尤其在探索复杂关系和大规模数据集时，这种灵活的处理策略更为实用。

3. 因果与相关性的区分

大数据分析中，关注点从单一因果关系转向了数据间的相互关联性。在这种背景下，研究的重点是识别数据间的关联，而非探寻问题的直接原因。例如，在探讨交通事故的根本原因时，分析者可能更侧重于识别多种因素（如天气、驾驶员疲劳等）与其发生的概率之间的相关性，而不仅仅局限在找出单个主导因素。这种分析方式有助于更全面地理解复杂现象背后的作用机制，为预防措施和优化策略提供更丰富的参考依据。

（三）结构化数据与非结构化数据

在信息社会中，信息大致可以分为两类：结构化数据与非结构化数据。结构化数据，因其能够通过数据、统一的二维表结构清晰地进行逻辑表达，通常被组织为记录或行数据存储在数据库中，例如数字、符号和字符。这类数据严格遵守数据格式和长度规范，主要用于关系型数据库，如 SQL Server、Oracle、达梦数据库、人大金仓等，几乎所有的信息管理应用均依托于结构化数据。结构化数据标记技术，旨在帮助网站在搜索引擎结果中获得更突出的展现，其遵循标准化规则，为搜索引擎所支持。

相比之下，非结构化数据则包含了文本、图像、声音、网页等无法通过数字、符号或统一结构表示的信息。随着互联网和移动互联网技术的发展，非结构化数据的总量显著增加，促使非结构化数据库时代应运而生，如 Hadoop、巨杉数据库等产品专为处理此类数据而设计。非结构化数据并非结构化数据的简单特例；实际上，它代表了一个更为广泛的数据类别。在某些情况下，非结构化数据的字段数目可灵活扩展，形成所谓的半结构化数据，类似于 Exchange 存储的数据。这类数据在一定程度上具有结构特征，但相较于传统的关系型数据库数据，其灵活性更高。半结构化数据模型适合数据库集成，特别是在描述分布于多个数据库中的、拥有相似数据模式的不同数据库中的数据时。此外，它是标记服务基础框架的一部分，用于在网络环境下共享信息。

二、健康医疗大数据的总体特征

大数据时代，数据无处不在，从互联网到智能手机，再到电商网站和社交媒体，每一次用户操作都被记录，成为构建信息体系的核心元素。在这个背景下，健康医疗大数据作为新生概念，是指那些超出了常规数据库处理能力的庞大健康数据集合。这些数据在医疗服务过程中生成，包括但不限于电子病历、医学影像、用药记录等，其来源渠道多元，涵盖医疗诊断记录、疾病监测数据及医学研究活动。

健康医疗大数据不仅具备大数据的四个显著特点——体量大、种类繁多、价值高且增长速度快，还具有其特有的几个重要特征。首先，数据体量巨大，无论是健康咨询、药物咨询、医院门诊还是住院部的患者数据，甚至是体检时的文字记录和医学设备的图像资料，累计起来的数据量远超传统数据库的承载范围。其次，数据种类丰富，包括文本、数字、声音、影像、图片等多元形式，既有医生人工填写的内容，也有仪器自动记录的数据。

尽管医疗数据的价值较高，但其价值密度相对较低，这是因为相较于互联网或社交媒体上的数据，经过预处理后的医疗数据能更好地应用于公共健康防控、精准诊疗、新药研发、医疗费用控制、复杂疾病治疗和健康管理等领域。医疗数据生成和处理的速度非常快，对于单一患者而言，数据可能积累较慢，但对于全球庞大的患者群体，健康医疗数据的生成速度极为迅速，得益于信息技术的推动，越来越多的医疗信息实现数字化，持续增长的在线或实时数据成为常态。

数据的时序性是另一个关键特征，患者就诊、疾病发作过程和医学检测结果都具有时间连续性，智能诊疗设备如穿戴式设备的持续监测有助于通过长期健康数据的积累，分析预测患者未来可能面临的健康风险。与此同时，医疗数据的隐私性和完整性问题也十分突出，患者的医疗信息具有极高的隐私保护要求，任何信息泄露都可能导致严重的后果。然而，由于人工记录的缺失和医疗数据收集的不完全性，导致数据可能存在一定程度的残缺或偏差，进而影响医疗数据库对疾病信息的全面反映。

三、人工智能医疗的发展特征

人工智能医疗，作为现代医疗科技与智能技术的融合体，旨在以人工智能为核心，革新医疗实践和服务方式，推动医疗行业的进步和发展。这一领域通过模仿人类大脑的思维方式、数据分析与处理能力，以及提供智能诊断与治疗建议，为传统医疗模式带来了前所未有的创新机遇与挑战。

其首要特征在于智能化与数字化的融合。人工智能医疗不再仅仅依赖于医生的经验判断，而是通过计算机系统对海量的医疗数据进行深度学习和智能分析，以此辅助医生进行更加精准、个性化的诊断和治疗决策。这样的系统能够快速提取和整合医疗信息，对数据进行深层次的归纳与挖掘，进而为患者提供定制化的服务体验。

其次，智能决策与风险预警是人工智能医疗的另一大优势。通过模拟人类决策过程，人工智能能够自动化地处理复杂的医疗决策，例如在放射影像分析中，AI 系统能够快速、准确地识别病变区域，帮助医生提高诊断速度与准确性。此外，通过大数据分析，AI 系统还能预测潜在的医疗风险，实现早期预警，从而为患者提供及时有效的干预措施。

再次，远程监测与远程医疗的便利性也是人工智能医疗的重要特性。借助智能设备与网络技术，患者能够在家中或其他场所进行自动化生理参数监测，并将数据实时传输至医疗机构。这种方式不仅提高了医疗效率，降低了成本，还极大地增强了患者的便利性，减少了患者与医生间的沟通障碍，特别是对于居住在偏远地区或者行动不便的患者群体尤为适用。

个性化与精准化服务是人工智能医疗的终极目标。通过整合个体的基因信息、医疗历史、生理指标等数据，AI 系统能够为每一位患者提供基于个体特征的定制化医疗服务，尤其是在肿瘤治疗等精细医疗领域，通过基因检测与个体化药物筛选，AI 能够为患者制定专属的治疗方案，显著提升治疗效果与生存质量。

四、大数据与人工智能的典型应用场景

（一）智能视频分析

智能视频分析技术是一种高度集成和自动化的视频监控解决方案，它主要通过接入各类视频设备，如摄像头、DVR、DVS 及流媒体服务器等，并利用先进的智能化图像识别处理技术，实现对安全事件的主动预警和实时分析。这项技术的核心功能在于通过摄像机实时“发现敌情”并“看到”监视目标，利用自身内置的智能化识别算法，判断监视目标的行为是否构成安全威胁，并对潜在或已发生的威胁及时向监控平台或后台管理人员发出报警信号，以便采取相应的应对措施。

智能视频分析系统的应用发展已有近十年的历史，尤其是在全球范围内。国际市

场上，知名的智能视频分析供应商包括 VCA Technology、IOImage、ObjectVideo、Bosch、Axis 等专业公司，以及大型科技企业如 IBM、Sony（索尼）、Panasonic（松下）、PELCO（派尔高）、Honeywell（霍尼韦尔）、SIEMENS（西门子），这些公司提供了具有影响力的整体解决方案。

在国内市场，智能视频分析解决方案主要由广州中国科学院软件应用技术研究所、海康威视、大华、佳都新太、金鹏电子、高新兴等本土企业主导。此外，还有一些专注于提供智能视频分析关键设备的厂商，如优迪数码、贝尔信、高德威、中盛益华等。

智能视频分析技术通常有两种应用模式：

1. 基于智能视频处理器的前端解决方案

在这种模式下，所有的目标跟踪、行为判断、报警触发等核心分析工作均在前端智能分析设备中完成，仅通过网络将报警信息传输至监控中心。这种设计有效节省了视频流占用的带宽，适用于大多数监控场景。

2. 基于工业计算机的后端智能视频分析解决方案

与此相反，所有前端摄像机仅承担基本的视频采集任务，而所有的视频分析则集中在后端或关键节点的计算机上统一处理。虽然这种方案可以控制关键的监控点，但其对计算机性能和网络带宽的要求较高，且可能限制监控覆盖范围和灵活性。

总的来说，智能视频分析技术以其高效的自动化分析能力，大大提升了视频监控的智能化水平，不仅能够提高警情响应速度，降低人工监控的成本，还为构建更加安全、智能的社会环境提供了有力支持。

（二）智能交通

智能交通系统（ITS）是一个综合性交通管理平台，通过整合并应用一系列先进技术，包括信息技术、计算机科学、数据通信技术、传感器技术、电子控制技术、自动控制理论、运筹学、人工智能等，旨在优化交通管理和服务，提升交通安全、效率、环保水平和能源利用。ITS 的核心理念是加强车辆、道路设施及使用者之间的互联，形成一个全面覆盖的交通生态系统，以应对日益增长的交通需求和挑战。

ITS 通常包含以下几大子系统：

1. 车辆控制系统

通过安装在汽车上的雷达、红外探测器（如 24GHz 雷达传感器 RFbeam 仪）等设备，这套系统能够精准监测与障碍物的距离，实现紧急状况下的自动警报或制动避险功能。此外，系统还能根据路况调整行车速度，这一技术被称为“智能汽车”。目前，全球已有众多公司投入研发智能车辆，包括先进的自动恒速控制器、红外智能导引系统等。

2. 交通监控系统

类似机场的空中交通控制系统，此系统能够在车辆间建立实时通信联系，提供即时信息，如事故地点、交通拥堵状况、最畅通的路线等。这使得驾驶员和交通管理人员能够迅速做出反应，优化交通流量。

3. 运营车辆调度管理系统

通过车载计算机、调度中心的计算机与全球定位系统卫星的联接，这套系统实现车辆与调度中心的双向通信，显著提高商用、公共交通（如公共汽车）和出租汽车的运营效率。这一系统强大的通信能力允许对大范围内的车辆进行远程控制，如法国巴黎的 20 辆公共汽车和伦敦的约 2500 辆出租汽车。

4. 旅行信息系统

专为旅行者提供交通信息的平台，采用多媒体和通信技术，通过计算机、电视、电话、路标、无线电、车内显示屏等多种渠道，提供实时交通状况、最佳路线建议、路况更新等信息。无论身处何处，只需选择适合的方式，旅行者就能获取所需的信息，实现全方位、无死角的信息服务。

综上所述，智能交通系统通过上述子系统的协同工作，不仅能够提升交通运输的效率和安全性，还能有效减少交通拥堵和环境污染，为用户提供更便捷、舒适的出行体验。随着技术的不断进步，ITS 的潜力将进一步释放，为未来智慧城市的建设奠定坚实基础。

（三）智慧农业

“智慧农业”是一种高度融合了现代信息技术的现代农业模式，它以物联网、大数据、云计算、人工智能等先进科技为核心，集成应用了计算机与网络技术、物联网技术、音视频技术、GIS 技术、无线通信技术及专家智慧与知识，实现了农业的智能化管理和自动化操作。这种模式通过远程诊断、远程控制和灾害预警等手段，提供了可视化、精准化的农业生产解决方案，从而提高了农业的生产效率、资源利用率和可持续性。

对于发展中国家而言，智慧农业是推动经济发展的关键路径之一。在消除贫困、促进后发优势、实现经济快速增长的过程中，智慧农业通过技术创新和知识转移，为农民提供了更为高效、精准的生产工具，帮助他们克服传统农业面临的种种挑战，如资源匮乏、信息不对称和市场需求不确定性等。

“智慧农业”的实现，不仅仅是精准感知、控制与决策管理的运用，还涵盖了农业电子商务、食品安全追溯、农业休闲旅游、农业信息服务等多维度的创新领域。这些领域的深度融合，不仅提升了农产品的品质和市场竞争力，也为消费者提供了更多样化、健康的选择。

从本质上说，智慧农业代表了农业生产的高级阶段，它将互联网、移动互联网、云计算和物联网技术紧密集成，构建了一个面向未来、智能化的农业生态系统。在这个系统中，通过部署在农业生产现场的各类传感节点（如环境温湿度、土壤水分、二氧化碳浓度、作物生长图像等），以及无线通信网络的支持，我们实现了对农业生产环境的智能感知、精准分析和动态调控。同时，专家在线指导和数据分析，为农业生产提供了智能化决策支持，进一步推动了农业的现代化进程，实现了传统农业向智慧农业的转型。

第三节　健康医疗大数据与人工智能在医学中的应用

一、健康医疗大数据在医学中的典型应用

（一）公共卫生

在公共卫生领域，大数据技术的应用对疫情的预测与预警发挥着至关重要的作用。以 1854 年伦敦霍乱爆发为例，约翰·斯诺利用地理信息系统将感染病例的位置进行标记，通过分析找到了霍乱的水源源头，为疫情防控提供了科学依据。现今，通过整合全球定位系统信息与疾病流行数据，大数据技术能够迅速识别疫情热点并实施针对性干预，极大缩短了疫情响应时间，简化了工作流程。

职业病防治中，大数据技术的应用同样卓有成效。通过建立完善的监测系统，实时收集并报告职业健康信息，大数据能够帮助卫生部门掌握职业病的最新趋势，精准定位高风险行业与人群，实现风险评估和信息共享。同时，大数据技术的应用将促进职业病预防措施的优化与实施，有助于制定更科学合理的职业健康政策。

在疾病相关因素分析方面，大数据技术为医疗研究带来了革命性的变化。过去，由于缺乏高效的数据处理工具，医疗工作者难以从海量数据中发现疾病的潜在关联。如今，借助 Hadoop 等大数据平台，研究人员可以更深入地挖掘健康数据背后隐藏的模式与规律，推动疾病的早期预测与预防。大数据技术的应用不仅能够加速疾病预测模型的构建，提高预测精度，还能通过考虑更多变量，提供更为全面的疾病预测框架。尤其在阿尔茨海默病、心脑血管疾病等疾病的预测研究中，大数据技术的应用显著提高了预测准确度，为临床实践提供了有力支持。相比传统方法，大数据技术能更广泛地利用现有数据资源，减少依赖个人经验和主观判断，从而为疾病的早期识别与干预提供更精准的依据。这标志着大数据技术在医疗健康领域的潜力巨大，对于提升疾病防控水平、促进公众健康具有深远的意义。

（二）临床辅助

健康医疗大数据技术与医疗行业的融合，为疾病诊断与治疗提供了强有力的支持。

凭借其庞大的知识存储与快速检索能力，大数据分析技术极大地提升了医疗服务的效率与质量，尤其在减轻医生工作负担、辅助疾病诊断等方面表现尤为突出。

1. 影像与病理辅助诊断

在影像与病理辅助诊断领域，人工智能技术尤其是深度学习的引入，极大地提高了诊断准确率，其成果显著地超过了传统的诊断方法。例如，科大讯飞、依图科技等公司与医疗机构合作，将影像辅助诊断系统应用于临床实践，通过深度卷积神经网络的学习与训练，实现了对肿瘤、骨龄等复杂病变的精确识别，为医生提供了精准的诊断参考，显著提高了诊断速度与准确度，减轻了医生的工作压力。这一领域的应用案例遍及全国多个省市的大型医疗机构，为提高医疗服务效率与质量做出了重要贡献。

2. 全科辅助决策系统

面对临床诊疗中遇到的疑难杂症，全科辅助决策系统的引入为医生提供了强大的知识支持。这类系统集成了海量的医学文献与病例数据库，通过人工智能算法，提供定制化的诊断建议与治疗方案，为医生在决策过程中提供了精准的决策支持。系统功能覆盖了疾病诊断、治疗计划等多个层面，通过数据分析与智能推荐，其辅助医生做出更加准确的临床决策，特别是在罕见病、复杂疾病等领域的应用，显示出极高的价值。

3. 智能基因检测

基因检测作为精准医疗的核心技术之一，为疾病的早期诊断、风险预测及个性化治疗提供了可能。通过对个体的遗传信息进行分析，基因检测能够提供针对特定疾病的筛查与预防指导，对于预防性医疗、精准用药等方面具有重要意义。例如，通过检测 BRCA1/2 基因突变情况，我们可以预测乳腺癌、卵巢癌等高发疾病的风险，为个体提供个性化的健康管理策略。尽管基因检测结果受到多种因素的影响，但其在疾病预防与早期干预中的作用日益凸显，越来越多的人开始接受基因检测以更好地了解自身健康状况。

健康医疗大数据技术与人工智能的结合，不仅推动了医学诊断与治疗的精准化，还促进了医疗资源的有效配置与优化。随着技术的不断进步与普及，未来在疾病预防、治疗、康复等各个阶段，都将有更多基于大数据与 AI 的创新应用涌现，为构建智慧医疗体系、提升全民健康水平贡献力量。

（三）新药研发及药物不良反应评估

健康医疗大数据在新药研发与药物不良反应监测领域发挥着至关重要的作用，是现代药物研发与安全性评估不可或缺的工具。

1. 新药研发

在新药研发的漫长旅程中，健康医疗大数据面临前所未有的机遇与挑战。传统的药物研发依赖基础研究、临床试验等多个阶段的投入与试错，而大数据的加入使这一过程得以加速与精细化。新药研发过程从靶点发现到最终药物上市，数据的整合、分析与解读成了关键。

2. 数据的挑战与机遇

面对海量的药物研发相关数据，药物研究人员面临的是如何在海量信息中筛选出真正有价值的信息。数据的多样性与规模性不仅考验着数据处理的能力，更要求研究人员具备深度学习与数据分析的专业技能，以从庞杂的数据集中提炼出新药研发的关键线索。这一过程不仅关乎数据的量，更看重数据的质量与相关性，即数据的整合如何与特定研究目标紧密结合，形成有力的支持与指导。

3. 大数据的价值

大数据在新药研发中的价值体现在其能提供全面的背景信息与进行趋势分析，帮助研究人员理解药物的作用机制、疗效与潜在副作用，从而优化研发策略。通过整合历史数据，研究人员可以预测新药的性能，识别相似药物的成功路径，减少不必要的实验，节省成本与时间。此外，大数据还能促进跨学科研究，如结合生物学、药学、医学等领域的数据，实现药物研发的创新与突破。

4. 药物不良反应监测

在药物使用后的安全性监测中，健康医疗大数据扮演着至关重要的角色。药物不良反应的监测不仅是确保患者安全的必要步骤，也是提高药物研发质量与效率的重要环节。

5. 主动与被动监测

传统的监测手段主要依赖被动监测，如通过不良反应报告制度收集信息，但这往往受限于数据的完整性与及时性，容易导致漏报与误报。大数据技术的引入，特别是主动监测方法，如文本挖掘、数据挖掘等，能够从各类电子健康记录、社交媒体、搜索引擎等渠道实时捕捉药物使用与不良反应的关联信息，实现更为全面与实时的监测。

6. 预测与预防

通过分析历史数据，大数据技术能够识别药物不良反应的模式与趋势，预测高风险人群与高风险药物组合，从而提前采取预防措施，减少不良反应的发生。这种方法不仅能提高监测的效率与准确性，还能为药物使用指南与监管政策的制定提供科学依据。

总的来说，健康医疗大数据在新药研发与药物不良反应监测中的应用，既是对传统研究方法的补充与升级，也是未来医药产业发展的趋势所在。随着技术的不断进步，数据驱动的药物研发与安全监测将在保障公众健康、提升药物研发效率方面发挥更大作用。

二、人工智能在医学中的典型应用

（一）AI+临床手术

人工智能技术在整形修复手术领域的影响日益显著，正在重新定义手术治疗和患者恢复的过程。以下是人工智能在该领域几个关键方面的应用。

1. 移植手术革新

人体的手部和胳膊的复杂结构，尤其是关节和肌肉间的相互作用，使得移植手术及其术后康复成为机器学习技术的理想应用场景。随着机器人技术和移植手术技术的进步，更多截肢患者倾向于选择移植手术，以获得更加接近自然的肢体功能。人工智能神经网络已被应用于设计具有神经控制系统的假肢，旨在恢复手部抓握能力、腕部控制等功能。然而，考虑到双手的复杂性，包括感知触觉、空间移动及执行精确指令（如弹钢琴或佩戴手表）的能力，未来的设计还需进一步完善假肢模型，以满足更高层次的功能需求。

2. 颅面手术优化

在颅面外科手术中，人工智能技术的运用有助于解决先天性颅脑症的问题。这是一种由过早闭合的颅骨导致的骨骼发育障碍，可能引发头部异常形状，增加大脑压力，影响身体成长。通过接受颅面外科手术，两个月大的婴儿可以重塑头盖骨形状，而人工智能技术可辅助整形外科医生通过 CT 扫描图片更详细地制订手术计划。近期，研究人员训练人工智能系统对婴儿颅骨形状进行分类，以便更早地识别病症，这有助于筛查儿童，减少使用 X 光或 CT 扫描的需求。

3. 皮肤癌治疗创新

在皮肤癌治疗领域，人工智能技术与整形外科医生和皮肤科医生的协作至关重要。早期诊断是成功治疗的关键，而利用人工智能从照片中识别皮肤癌症状则具有重要意义。相比皮肤科医生，先进的人工智能系统能够更准确地检测和分类皮肤癌。先进的全身摄影扫描仪的出现，加之人工智能技术的量化和检测能力，为特定任务提供了针对性解决方案，这是当前医疗治疗领域的一项重大创新。

（二）人工智能+VR 的医学应用

虚拟现实（VR）技术作为仿真技术的重要分支，融合了计算机图形学、人机接口技术、多媒体技术、传感技术、网络技术等多种技术，是交叉技术前沿学科的代表之一。VR 技术的核心在于模拟环境、感知、自然技能和传感设备的集成，其中模拟环境由计算机生成的实时动态三维立体图像构成，感知则涵盖了视觉、听觉、触觉、力觉、运动等全方位的体验，以实现高度沉浸式的互动体验。自然技能的实现依赖于跟踪设备、头盔显示、感觉手套等工具，通过处理用户的行为动作，并实时响应用户输入，反馈至用户的感官系统。

近年来，随着人工智能、机器人、虚拟现实等技术的快速发展，VR在医疗领域的应用逐渐成熟并展现出巨大潜力。VR技术能够将人体结构以可视化的方式呈现，对于医学而言，虚拟人体被视为虚拟现实技术的终极目标，其应用价值不言而喻。在医学院校中，VR技术被用于构建虚拟的人体模型，通过跟踪球、感觉手套等设备，学生可以在虚拟实验室中进行“尸体”解剖和各类手术演练，显著降低了实际操作的成本。此外，专门设计的VR系统能够高度模仿真实的医学操作环境，例如导管插入模拟器，允许医学生反复练习导管插入动脉的技术；眼部手术模拟器则利用三维立体图像和实时触觉反馈，让学生可以直观观察晶状体移除的过程，同时了解眼周血管、虹膜、巩膜等结构的细节和透明度变化。

在临床应用层面，VR技术在远程手术、复杂手术规划、手术过程信息指导、手术效果预测及提升残疾人生活质量方面都发挥了关键作用。外科医生可以通过VR技术预演手术流程，调整人体内器官的位置，探索最优的手术路径，从而提高手术技巧和效率。同时，VR还能在药物研发、医疗培训、康复治疗等多个领域提供支持，为医疗行业带来了革命性的变化。

（三）智能医疗服务——“机器换人”

“虚拟助理”是一种先进的智能工具，能够通过与用户进行自然语言对话来提供各种服务和信息。这类技术最为人们熟知的代表就是苹果手机上的Siri，它不仅能够解答问题、设置提醒，甚至还能根据用户的病情描述初步判断可能的病症。这种助理在医疗领域的应用尤为突出，它不仅能够帮助医生动态获取患者的健康历史信息，还便于患者与医院和保险公司进行沟通，例如通过虚拟助理轻松预约医生。不过，考虑到医疗行业的专业性和复杂性，虚拟助理主要分为两大类：通用型和专注于医疗健康的专用型。

通用型虚拟助理由于较早进入市场，拥有更高的资本投入、更丰富的数据资源和更广泛的用户基础，但它们面对的挑战是医疗领域的深度专业性。相比之下，专注于医疗健康的虚拟助理则更侧重于特定领域的知识积累和技能训练，同时面临着较高的监管要求。例如，“晓医”机器人采用了科大讯飞的AIUI技术，具备清晰甜美的人声，支持语音、图像和手势等多种交互方式，能够理解口语化的表达，并且拥有超过1万条的医学知识，通过持续学习不断扩充知识库。

“晓医”在医院场景中的应用十分广泛，无论是进行问路导航还是提供智能导诊服务，都极大地提高了医疗服务的效率和便利性。通过与患者进行人机交互，“晓医”能够实现在医院内部的鉴诊导诊功能，有效缓解导诊护士站的工作压力，节省人力成本，提升服务效率。此外，“晓医”还正在开发院内科室导航功能，允许患者通过扫描机器人屏幕上的二维码获取离线导航服务，轻松找到挂号科室，从而提供更智慧、便捷的就医体验，推动AI医疗的普及。

医院也在利用人工智能技术进行全面升级，旨在实现诊前、诊中、诊后全链条的智能化，包括建设医学人工智能能力平台、多模态医学语音输入系统、专科语音电子病历系统、云医生服务、人工智能辅助诊疗及影像诊断系统，以及愈后智能语音随访系统等。这些举措旨在全方位提升医疗服务的质量和效率，让人工智能技术惠及更多居民。

参考文献

［1］杨丽凤，虞晶怡．信息科学技术伦理与道德［M］．北京：机械工业出版社，2023.

［2］薛亚许．大数据与人工智能研究［M］．长春：吉林大学出版社，2023.

［3］匡芳君，陈伟，周苏．计算机大数据与人工智能［M］．北京：机械工业出版社，2023.

［4］谢浩，纪朝宪．人工智能与大数据［M］．北京：清华大学出版社，2023.

［5］罗刚．OpenCV 入门与技术实践［M］．北京：清华大学出版社，2023.

［6］杜世强．机器学习原理与应用［M］．北京：中国科学技术出版社，2023.

［7］陈鑫．机器学习基础与实战［M］．北京：电子工业出版社，2023.

［8］黄源．大数据治理与安全［M］．北京：清华大学出版社，2023.

［9］李建锋．OpenCV 图像处理与应用［M］．北京：北京邮电大学出版社，2023.

［10］袁方，任海玲．大数据与人工智能在健康医疗中的应用［M］．郑州：郑州大学出版社，2023.

［11］吕云翔，钟巧灵．云计算与大数据技术［M］．2 版．北京：清华大学出版社，2023.

［12］刘艳红，王禄生．大数据与审判体系和审判能力现代化研究［M］．北京：人民法院出版社，2023.

［13］魏巍巍，胡睿，杨克．人工智能与大数据技术［M］．汕头：汕头大学出版社，2022.

［14］冷传莉．人工智能与大数据法律问题研究［M］．北京：知识产权出版社，2022.

［15］李倩，许伟，张文平．大数据与人工智能系列商务数据分析［M］．北京：中国人民大学出版社，2022.

［16］郑志勇．大数据与人工智能系列现代密码学［M］．北京：中国人民大学出版社，2022.

［17］周林娥．互联网数据采集技术与应用［M］．北京：清华大学出版社，2022.

［18］蔡晓妍，杨黎斌，程塨．文本挖掘与信息检索概论［M］．北京：清华大学出版社，2022.

［19］童世华，付蔚．面向人工智能与大数据的智慧家庭技术［M］．北京：北京航空航天大学出版社，2021.

［20］朱珍．智能科学与技术导论［M］．北京：机械工业出版社，2021.

［21］张光华．从零开始构建深度前馈神经网络 Python + TensorFlow 2. x［M］．北京：机械工业出版社，2021.

［22］侯刚．大数据背景下的人工智能技术与应用研究［M］．北京：北京工业大学出版社，2021.

［23］闵庆飞，刘志勇．人工智能技术商业与社会［M］．北京：机械工业出版社，2021.

［24］韦德泉，杨振．大数据与人工智能导论［M］．北京：北京师范大学出版社，2021.

［25］张宁．保险科技中的大数据与人工智能［M］．北京：经济科学出版社，2021.

［26］袁雪．计算机视觉［M］．北京：清华大学出版社，2021.

[27] 米慧超. 人工智能视域下的互联网金融大数据分析 [M]. 北京：经济科学出版社，2021.

[28] 张昱. 岩爆试验大数据人工智能分析方法 [M]. 北京：中国国际广播出版社，2021.

[29] 刘艳，韩龙哲，李沫沫. Python 机器学习原理算法及案例实战 [M]. 北京：清华大学出版社，2021.

[30] 沙晓艳. Python 程序设计 [M]. 北京：北京师范大学出版社，2021.

[31] 徐翔. 数字经济时代大数据与人工智能驱动新经济发展 [M]. 北京：人民出版社，2021.

[32] 郭军，徐蔚然. 人工智能导论 [M]. 北京：北京邮电大学出版社，2021.

[33] 陈小平. 人工智能伦理导引 [M]. 合肥：中国科学技术大学出版社，2021.

[34] 魏真，张伟，聂静欢. 人工智能视角下的智慧城市设计与实践 [M]. 上海：上海科学技术出版社，2021.

[35] 谭峰，田芳明，张东杰. 人工智能与作物生产深度融合关键技术研究 [M]. 哈尔滨：哈尔滨工程大学出版社，2021.